BULLETIN

DE LA

SOCIÉTÉ DES SCIENCES

HISTORIQUES & NATURELLES

DE LA CORSE

XXIe ANNÉE

OCTOBRE 1901 — 250e FASCICULE.

BASTIA

IMPRIMERIE ET LIBRAIRIE OLLAGNIER

—

1902.

SOMMAIRE

Pour paraître prochainement:

RÉSUMÉ

DES

TRAVAUX SUR LA GÉOLOGIE DE LA CORSE

SOCIÉTÉ DES SCIENCES HISTORIQUES ET NATURELLES
DE LA CORSE

RÉSUMÉ

DES

TRAVAUX SUR LA GÉOLOGIE

DE LA CORSE

BASTIA
IMPRIMERIE ET LIBRAIRIE OLLAGNIER

1900

Hommage à la Société des Sciences historiques et naturelles de la Corse.
1er Janvier 1900.

AVANT-PROPOS

Les recherches géologiques dont le sol de la Corse a été l'objet, commencées en réalité dès la fin du siècle dernier, se sont développées surtout dans les trente années qui viennent de s'écouler.

Sans parler du livre classique de Gueymard, déjà vieux de quatre-vingts ans, et qui a servi de véritable point de départ à toutes les observations ultérieures, les travaux de La Marmora, Péron, Locard, Hollande et Nentien ont marqué les étapes successives dans la voie des découvertes qui ont peu à peu révélé les traits principaux comme la plupart des détails de la constitution géologique de notre grande île. Ainsi, par des investigations patientes dans la nuit des temps préhistoriques, s'est à la fois grossie et étendue la somme de nos connaissances sur cette terre si intéressante à maintes reprises depuis qu'elle appartient à l'histoire, et si digne d'admiration, à toute époque, par la silhouette de ses rivages, la grandeur de ses paysages et l'éclat de son ciel.

Mais, alors que les documents sur la vie politique ou sur la description physique de la Corse, analysés puis comparés entre eux, ont été condensés dans le pays même en œuvres magistrales traitant un ensemble de questions relatives à une même branche du savoir, c'est au contraire exceptionnellement et hors du pays qu'a pu être tentée la synthèse des écrits consacrés à l'étude des terrains de l'île.

Les circonstances de temps et de lieu ont contribué à produire un pareil résultat.

Publiés, en effet, à des dates assez éloignées et dans des localités différentes, certains de ces écrits ont été disséminés dans les pays les plus divers tandis que d'autres, insérés dans le corps de bulletins périodiques en circulation dans un public restreint, sont restés confinés dans les bibliothèques des sociétés savantes ou des centres universitaires. Beaucoup sont ainsi devenus au bout de peu d'années presque introuvables, la plupart au moins rares, et, en tout cas, les uns comme les autres n'ont jamais existé réunis sur aucun point de la Corse, c'est-à-dire précisément là où il eût importé d'en posséder et d'en pouvoir consulter la totalité.

Il est bon d'ajouter enfin que nombre de ces ouvrages sont, soit des travaux de longue haleine, soit des œuvres de détail poursuivant uniquement l'étude approfondie d'une période limitée ou d'une branche définie de la Géologie. Ces dernières raisons suffiront à elles seules à expliquer l'hésitation que mettra toujours à compulser les mémoires originaux quiconque, désireux de s'initier à la connaissance des terrains de la Corse, voudra de préférence acquérir des vues générales sur la structure de la région tout entière.

La suppression de la plupart des obstacles qui entravent

la diffusion et la *vulgarisation* des données bien établies ou des hypothèses les plus vraisemblables sur la Géologie de la Corse, tel a été le but visé en composant le présent résumé, assez succinct pour contenir en peu de pages les grandes lignes du sujet, mais encore assez développé pour fournir les renseignements les plus essentiels sur chaque roche et sur chaque terrain.

Un pareil programme excluant presque forcément l'émission d'opinions personnelles, celles-ci n'y ont été introduites que sous forme de notes ; le texte ne tend qu'à retracer et à coordonner les découvertes accomplies par ces générations de savants qui ont successivement travaillé à arracher ses secrets au sol si tourmenté de la grande île.

Afin d'arriver à une intelligence plus sûre et à une exposition plus nette des faits rassemblés dans cette notice, un nombre aussi grand que possible de points décrits antérieusement par les géologues ont été revus, en prenant pour base des nouvelles observations, celles dont ces points avaient été déjà l'objet. Si donc, en dépit de ces précautions, la pensée des auteurs des travaux originaux n'a pas été toujours exactement rendue, la responsabilité en doit entièrement retomber sur celui qui n'aura pas su traduire avec fidélité les conceptions qu'il s'était proposé de faire connaître.

D'ailleurs, pour rendre plus facile le contrôle de la part des personnes qui tiendraient à s'éclairer, en se reportant à l'occasion aux sources d'information, la liste ci-dessous a été dressée, dans laquelle sont énumérés, par ordre de date, les titres du plus grand nombre possible d'ouvrages traitant de la Minéralogie, de la Pétrographie, de la Géologie, et même, — pour mémoire —, du Préhistorique de la Corse.

BIBLIOGRAPHIE

I°. — **Minéralogie – Pétrographie et Géologie.**

Ferrand-Dupuy. Productions et richesses minéralogiques de la Corse, 1776.

> Traite surtout des roches employées dans les arts et des minéraux.

Barral. Mémoire sur l'histoire naturelle de l'île de Corse, 1783.

> Roches à utiliser au point de vue artistique en particulier dans le Niolo.

Rampasse. Recherches minéralogiques en Corse, 1806. — Annales du Museum d'Histoire naturelle, 1807.

> Découverte de la brèche osseuse quaternaire de Toga.

Cuvier. Ossements fossiles, tome IV.

> Débris animaux des brèches osseuses de Toga.

E. Gueymard. Voyage géologique et minéralogique en Corse, 1820. Réédité en 1883, à Bastia, Ollagnier.

> Roches sédimentaires et éruptives, minerais, première description de la Diorite orbiculaire de Sainte-Lucie de Tallano. Ouvrage fondamental, des plus remarquables pour son temps.

E. Gueymard. Extrait de l'ouvrage ci-dessus dans les Annales des Mines, 1821.

Jean Reynaud. Description des terrains tertiaires de Saint-Florent et de Bonifacio dans les Mémoires de la Société géologique de France, 1re série, tome I, 1834.

Division en niveaux basée surtout sur les caractères minéralogiques de la roche et par suite insuffisante.

Robiquet. Recherches historiques et statistiques sur la Corse, 1835.

Contenant un court exposé des connaissances sur la géologie de la Corse à cette époque.

J.-B. Lœtscher. Examen des eaux minérales sulfureuses de Puzzichello, 1842.

Pareto. Cenni geognostici sulla Corsica, Milano, 1845.

Avec une carte et 4 coupes. Dans cet ouvrage est signalé pour la première fois le calcaire carbonifère avec fossiles de Galeria.

Collomb. Bulletin de la Société géologique de France, 2e série, tome XI, 1853.

Dans cette note sont mentionnées la présence de l'Eocène nummulitique près de Palasca et des traces de glaciers dans toutes les montagnes élevées de la Corse.

Pumpelly. Bulletin de la Société géologique de France.

Description des stries et des moraines de la région du Paglia Orba.

Aucapitaine. Bulletin de la Société géologique de France, 2e série. tome XX.

Dépôt d'huîtres fossiles dans l'îlot de l'Etang de Diane.

La Marmora. Voyage en Sardaigne, 5 volumes, Turin, 1857.

Ouvrage capital en raison des comparaisons et des parallélismes qu'il permet d'établir entre les terrains de la Sardaigne et ceux de la Corse.

Péron et **Tabariès de Grandsaignes.** Bulletin de la Société géologique de France, 2e série, tomes XXV et XXVI, 1867 et 1868.

Description détaillée des terrains tertiaires en particulier du bassin de Bonifacio, et, accessoirement, renseignements sur les autres assises sédimentaires (Carbonifère, Quaternaire), et sur les traces laissées par les glaciers. (Cinto).

Locard. Brèches osseuses des environs de Bastia.

Archives du Muséum de Lyon, 1872. Ouvrage complétant les travaux de Cuvier et de Rampasse pour les vertébrés et donnant des indications sur les mollusques.

Locard. Bulletin de la Société géologique de France, 3e série, Tome I, 1873.

Liste des fossiles miocènes de Saint-Florent.

Dieulafait et **Hollande.** Comptes rendus de l'Académie des Sciences, tome LXXXI, 1875, page 506.

Observations géologiques aux environs de Corte. (Schistes luisants ; calcaires. Infra-Lias).

Hollande. Bulletin de la Société géologique de France, 3e série, tome IV, 1876, pages 30, 86 et 431. Observations sur les divers terrains de la Corse. Classification stratigraphique de ces terrains.

Observations sur les divers terrains de la Corse. Classification stratigraphique de ces terrains. Ces notes sont développées dans la *Géologie de la Corse,* du même auteur.

Cotteau et **Locard.** Description de la Faune des terrains tertiaires moyens de la Corse, dans les Mémoires de la Société d'Agriculture, Histoire naturelle et Arts utiles de Lyon, 1877. Edité aussi à part par Savy à Paris et Georg à Genève.

Ouvrage très important pour la connaissance de la faune des assises miocènes de la plaine orientale depuis le calcaire burdigalien jusqu'aux sables pontiens exclusivement. La corrélation stratigraphique des niveaux miocènes d'Aleria avec ceux de Bonifacio y est également exposée.

Hollande. Géologie de la Corse, dans le Bulletin de l'Ecole des Hautes Etudes, Section des sciences naturelles, tome XVII, 1877, article n° 2.

Ce travail fait époque dans l'étude de la Géologie corse. On y trouve à la fois la synthèse des connaissances antérieures et un grand nombre de faits nouveaux. La répartition générale des terrains, telle qu'elle est admise aujourd'hui, y est indiquée et figurée sur une carte. Parmi les roches éruptives, la protogyne et les porphyres sont traitées avec le plus de détail et, dans la série sédimentaire, le Houiller, le Trias, l'Infra-Lias, les couches miocènes pontiennes, le pliocène (astien) et nombre de dépôts quaternaires sont cités ou étudiés d'une façon étendue, pour la première fois.

Coquand. Note sur la Géologie de l'arrondissement de Corte. Bulletin de la Société géologique, tome VII, 1879.

Signale, entre autres découvertes, celle de l'anthracite sur plusieurs points.

Bonavita. Géologie. dans le Bulletin de la Société des Sciences historiques et naturelles de la Corse, 1882.

Dieulafait. Les Serpentines et les Terrains ophiolitiques de la Corse. Comptes rendus de l'Académie des sciences, n° 15, 1883.

Reusch. Roches éruptives de la Corse. Bulletin de la Société géologique de France, 3e série, tome XI, 1883.

Renseignements intéressants sur les Diorites.

Lotti. App. Geol. sulla Corsica Boll. geol., n°s 3 et 4, 1883.
— Descrizione geologica dell'Isola d'Elba. Mem. descr. della carta geologica d'Italia, vol. II, 1886.

Les deux ouvrages de M. Lotti qui traitent spécialement des roches éruptives et des terrains cristallophylliens, font ressortir les ressemblances et les différences qui existent entre la Corse et l'archipel toscan. Ils ont contribué avec l'œuvre de La Marmora sur la Sardaigne à mettre en relief les caractères des terres qui bordent la mer tyrrhénienne, et aussi à éclaircir plus d'un point particulier de la géologie de la Corse.

Dépéret. Sur l'analogie des roches anciennes éruptives et sé-

dimentaires de la Corse et des Pyrénées orientales·
Comptes rendus de l'Académie des sciences, Août 1887,

Le Verrier. Sur une venue de Granulite à riebeckite de Corse.
Comptes rendus de l'Académie des sciences, tome
CIX, n° 1, juillet 1889.

L. Traverso. Il Porfido di Monte Cinto in Corsica, Genova, 1894.

Jacquot et **Willm.** Les Eaux minérales de la France. Paris, 1894
Baudry, éditeur.

Lacroix. Minéralogie de la France et de ses colonies. Paris,
1893-96, Baudry.

Nentien. Etude sur la constitution géologique de la Corse, 1897.
Dans les Mémoires pour servir à l'explication géologique de la Carte de France.

La première partie de cette étude magistrale a seule paru
jusqu'à ce jour. Elle est consacrée aux Roches éruptives et
aux formations cristallophylliennes et débute par des généralités très complètes sur la géographie de l'île toute entière.
Tous les types de Roches éruptives déjà connues en Corse
ont été revus et étudiés au moyen des procédés dont dispose
la pétrographie actuelle, et nombre de types nouveaux ont
été ajoutés aux anciens. A signaler entre autres les chapitres
traitant de la Granulite à riebeckite, de la Diorite orbiculaire,
de la série des Microgranulites et des Porphyres, des Diabases et Gabbros éocènes. En ce qui concerne les Gneiss,
l'auteur en a indiqué le premier les gisements et la composition et a émis une hypothèse très ingénieuse sur leur mode
de formation. Enfin, les Phyllades cristallophylliens ont été
l'objet d'une analyse qui a montré les variations de leurs caractères de la base au sommet, leurs relations avec la Granulite protogynique sur lesquels ils reposent, et la position
des cipolins au milieu de leur masse. En résumé, œuvre
scientifique de la plus haute valeur qui a renouvelé les
connaissances sur les terrains anciens de la Corse. En
même temps que ce mémoire, M. Nentien a publié une très
bonne carte géologique de l'île au 1/320,000.

— Etude sur les Gîtes minéraux de la Corse. Annales
des Mines, Septembre 1897.

Cet ouvrage a pour objet de compléter au point de vue
pratique le Mémoire précédent.
Tous les gîtes minéraux, métallifères ou non, et les eaux

minérales y sont passés en revue. On y trouve en particulier d'intéressants détails sur l'exploitation de charbon d'Osani et sur les mines d'antimoine du Cap-Corse. Une carte est jointe à ce travail.

Dépéret. Vertébrés des dépôts pleistocènes de la Corse. Dans les Annales de la Société linéenne de Lyon, 1897.

Reprenant, avec des matériaux en partie nouveaux, l'étude des brèches osseuses quaternaires, M. Depéret fait ressortir les caractères pliocènes de certains représentants de cette faune, tels que le Lagomys corsicanus et le Cervus Cazioti. Il dégage de ces faits une hypothèse sur la persistance de la liaison de la Corse avec le continent jusqu'au début des temps pleistocènes.

Cervoni. La Mine d'Antimoine sulfuré de Meria, Bastia, 1899.

Etude théorique et pratique sur les conditions de gisement et d'exploitation de la Stibine dans la région du Cap-Corse.

Des considérations sur la Géologie de la Corse sont en outre insérées dans les ouvrages ci-après : Marmocchi, *Abrégé de la Géographie de la Corse*, Bastia, 1852, Fabiani. — Scipion Gras, *Assainissement du littoral de la Corse*, Paris, 1866, Dunod. — Ferry, *Excursion à une montagne d'amiante en Corse*, Journal des Mines, 1878. — Bronzini, Même sujet, dans le Bulletin des Sciences historiques et naturelles de la Corse, 1882.

2°. — Cartes géologiques et minéralogiques.

Dufrénoy et **Elie de Beaumont,** Carte géologique de France au 1/863.000e, Paris, 1842.

Pareto. Carte géologique de la Corse explicative des Cenni geognostici du même auteur, 1845.

Hollande. Carte géologique de la Corse au 1/640.000e. Jointe à la Géologie de la Corse, du même auteur, 1877.

Carez et **Vasseur.** Carte géologique de la France au 1/500.000e, Paris, Comptoir géologique, 1887, feuille XV.

Nentien. Carte géologique de la Corse au 1/320.000e, Paris, 1896, Ministère des Travaux publics.

Nentien. Carte des gîtes minéraux et des sources minérales de la Corse au 1/640.000ᵉ, Paris, 1897, jointe à l'Etude sur les gîtes minéraux, du même auteur.

3°. — Préhistorique.

Mathieu. Monuments mégalithiques de la Corse, dans les Mémoires de l'Académie celtique, tome VI, 1810.

Robiquet. Recherches historiques et statistiques sur la Corse, 1835.

> Cet ouvrage contient des détails sur certains monuments mégalithiques.

Prosper Mérimée. Notes d'un voyage en Corse, Paris, 1840.

> Travail important, contenant la description et la représentation d'un grand nombre de Dolmens et de Menhirs de l'arrondissement de Sartene.

Nicoli. Haches et pointes de flèches trouvées en Corse. Dans le Moniteur des inventions. Juin 1864

A. Grassi. Menhirs de la Corse. Dans la Science pour tous, 21 Décembre 1865.

A. Mattei. Monuments celtiques en Corse. Dans l'Avenir de la Corse, du 20 Février 1867.

Egger. Haches en pierre polie et pointes de flèches trouvées en Corse. Revue archéologique, Novembre 1875.

A. Mattei. Etude sur les premiers habitants de la Corse. Bulletin de la Société d'anthropologie de Paris, 1876.

Pigorini. Notizie paletnologiche della Corsica. Dans le Bollettino di paletnologia italiana, 1877.

de Mortillet. Rapport sur les monuments mégalithiques de la Corse. Dans les Archives des nouvelles missions scientifiques et littéraires, Paris, 1893.

> Etude très complète de tous les monuments mégalithiques actuellement connus en Corse, avec figures, plans et une carte de la répartition des monuments sur la surface de l'île.

Caziot. Découvertes préhistoriques et archéologiques faites en Corse Feuille des jeunes naturalistes, tome 28, 1897. Avec nombreuses figures.

— Découvertes d'objets préhistoriques et protohistoriques dans l'île de Corse. Bulletin de la Société d'Anthropologie de Paris, 1898.

Ferton. Sur l'histoire de Bonifacio à l'époque néolithique. Dans les actes de la Société linéenne de Bordeaux, 1898.

> Mémoire très important, faisant connaltre mieux qu'on qu'on n'avait pu le démontrer à Toga la contemporanéité de l'homme et des mammifères des brèches osseuses à Lagomys.

Ratzel. La Corse. Etude d'Anthropogéographie. Traduction Zimmermann, dans les Annales de Géographie, numéro du 15 juillet 1899.

PREMIÈRE PARTIE

Esquisse Géologique et Géographique de la Région Corse (*)

La Corse, deux fois plus distante des côtes provençales de la France qu'elle ne l'est de l'Italie, se rattache aussi davantage au point de vue géographique à ce dernier pays.

Si, en effet, dans le Nord de la mer Tyrrhénienne, on trace le profil de l'écorce terrestre au dessous du niveau de la mer actuelle, on reconnaît qu'une haute crête sous-marine, jalonnée par les îlots de Capraja, de Gorgona et de Meloria, unit les rivages toscans à la Corse septentrionale. De même, à l'extrémité opposée de cette île, une coupe menée du Nord au Sud montre que la plate-forme à peine noyée et toute parsemée d'écueils des Bouches de Bonifacio, lie d'une façon tellement étroite la Corse à la Sardaigne, qu'aujourd'hui encore ces deux grandes terres paraissent les éléments à peine disjoints d'une seule province naturelle.

(*) Consulter une carte de la Méditerranée occidentale telle que celle de l'Atlas de Vidal-Lablache et la carte géologique au 1/320,000ᵉ de la Corse, de M. l'Ingénieur Nentien.

Cette région Sardo-Corse s'étend d'ailleurs vers le Sud comme vers le Nord sous les flots de la Méditerranée : le fait a été mis en évidence le jour où les sondages exécutés dans le bras de mer qui sépare les côtes de Cagliari de celles de l'Afrique, ont révélé l'existence d'un vaste plateau sous-marin joignant les rivages méridionaux de la Sardaigne à ceux du Nord de la Tunisie. Dans ce détroit, les hauts fonds, d'un nivellement assez uniforme, restent, il est vrai, à 1,200 mètres en moyenne au dessous de la surface des eaux, mais le pointement rocheux et isolé de l'île de la Grande Galite n'en témoigne pas moins de la présence des terres immergées.

Limitant cette région Sardo-Corse, la fosse tyrrhénienne, à l'Est, s'enfonce brusquement à 3,800 mètres, tandis qu'à l'Ouest celle du golfe de Gênes et de la Méditerranée occidentale s'abaisse plus graduellement jusqu'à 3,200 mètres. Grâce à ces deux dépressions marines se trouve mieux accusée l'homogénéité de cette ride méditerranéenne de l'écorce terrestre, tantôt culminant à 2,700 mètres, tantôt plongeant à 1,500 mètres au dessous des eaux, qui peut être considérée en définitive comme un appendice de la région italique, appendice dont la mer actuelle masquerait les attaches avec la péninsule dont il dépend, sans cependant parvenir à les effacer en entier.

Le fragment de ce vaste plissement qui est devenu la Corse, en dépit de son individualité accentuée, est loin toutefois de paraître absolument homogène, même aux yeux de quiconque n'envisage que ses formes superficielles. Deux parties principales d'inégale étendue s'y distinguent, qui ont été désignées sous des noms différents par les habitants depuis une époque reculée. La plus grande, constituant l'Ouest et le Midi de l'île, se hérisse de montagnes puissantes à sommets dénudés. Les cîmes maîtresses s'y dressent entre l'Ile-Rousse et le Port de Favone comme une barrière de relief inégal, mais fréquemment supérieur à 2,000 mètres, projetant de sa partie centrale dans la direction du Sud-Ouest de hautes ramifications parallèles. L'orientation de ces dernières se modifie pourtant aux extrémités Nord et Sud de la ligne des grandes altitudes de telle sorte que les contreforts infléchis respectivement au Nord-Ouest et au Sud-Ouest, finissent par figurer dans leur ensemble un immense éventail à rayons convergeant vers le Nord-Est.

Au fond des longues et larges vallées interposées entre les chaînes secondaires, se précipitent de maigres cours d'eau à régime torrentiel. Les plus importantes de ces rivières après un parcours de sens général rectiligne, tel que le commande la direction des montagnes encaissantes, se jettent à la mer dans une échancrure profonde dont les contours élevés sont dessinés par le prolongement au milieu des eaux de la ceinture du bassin fluvial.

Cette région occidentale de la Corse est connue depuis longtemps sous le nom de : « Pays d'au delà des monts. »

Tout autre est l'aspect de la partie septentrionale et orientale, d'une superficie égale seulement au tiers de la région opposée. Ici les chaînes dominées par des points culminants toujours inférieurs à 2.000 mètres, s'allongent du Nord au Sud en alignements parallèles, puis se replient légèrement vers le Sud-Est à leur extrémité méridionale (1). Les mouvements de terrain, moins anguleux et moins abrupts que dans l'Ouest, y ont aussi leur surface mieux garnie de végétation spontanée.

La plus typique de ces chaînes est sans contredit celle du

---

(1) M. Nentien fait observer à ce propos que les chaînes de l'au delà des Monts, avec leur disposition en éventail, ont une tendance à se rapprocher des trajectoires orthogonales des montagnes de la région Nord-Est.

Cap-Corse, qui se poursuit au Sud de la cluse du Golo par la crête du San Pedrone et de la cîme de Caldane à partir de laquelle elle se coude faiblement vers l'Est pour se terminer entre le Bravone et l'Alesani. A l'Ouest de la chaîne du Cap-Corse, celle du Tende culmine au Mont Asto ; elle se continue ensuite an Sud de Ponte-Leccia par l'arête de l'Alluraja qui, par Piedicorte et Giuncaggio, vient mourir sur les bords du Tavignano. Un chaînon parallèle, de moindre longueur, court à l'Est de la chaîne du Cap, c'est celui de l'Olmelli, entre Pero et Cervione ; enfin, tout à fait au Sud du Tavignano, les Monts d'Antisanti et de Vezzani semblent la terminaison méridionale de ridements parallèles, plus occidentaux que tous les précédents, mais dont la partie septentrionale ne se serait pas formée ou aurait disparu.

Les cours d'eau, la plupart de faible longueur, sont dotés d'un régime plus constant que ceux de l'au delà des Monts, en raison de la moindre dénudation et de l'exiguité relative de leur bassin de réception ; tantôt ils empruntent pour leur lit les combes séparant les rides parallèles, tantôt ils s'échappent à travers les cluses qui tranchent les chaînes montagneuses perpendiculairement ou obliquement à leur orientation générale (1).

La région qui vient d'être esquissée a été nommée par opposition à la précédente: Pays d'au delà des Monts.

La limite entre les deux régions naturelles précédemment définies, s'accuse à l'extérieur par une dépression à peu près

_____

(1) Le Golo et le Tavignano sont, il est vrai, les deux plus longues rivières de la Corse. Ils ne constituent cependant qu'une exception apparente parce que toute la partie supérieure de leur cours appartient à l'au delà des Monts, la ligne des grands sommets ne coincidant pas constamment avec la ligne de partage des eaux.

parallèle à la ligne des grands sommets au pied desquels elle forme un immense fossé. Ce sillon, qu'on peut suivre sans interruption de l'embouchure du Regino à la marine de Solenzara, est emprunté par nombre de communications de première importance, mais rien ne traduit mieux l'indépendance relative des deux régions fondamentales que l'examen des conséquences qu'entraînerait un affaissement de 600 mètres du *socle* sur lequel repose la Corse. Le tracé des courbes hypsométriques montre, en effet, qu'à la suite d'un pareil abaissement du relief, les eaux marines feraient irruption dans la bande de contact des deux régions principales et qu'un détroit d'une largeur variant entre 10 et 15 kilomètres, séparerait ces parties qui, à première vue, semblent indissolublement liées (1).

L'unité géologique de la ride sous-marine d'où émergent la Sardaigne et la Corse, n'est pas moins frappante que son homogénéité géographique. Sur l'une et l'autre des ces deux grandes îles, la nature et surtout la disposition réciproque des terrains offrent une remarquable analogie de part et d'autre d'une diagonale qui partage chacune d'elles du Nord-Ouest au Sud-Est.

D'un côté de cette ligne le sol est constitué par des formations éruptives anciennes, du côté opposé par des terrains gneissiques ou sédimentaires métamorphisés ou non par des éruptions plus modernes. Seulement, dans chaque île, les deux régions géologiques distinctes occupent une situation inverse, la partie récente, par exemple, orientale en Corse,

---

(1) La dépression qui partage diagonalement la Corse du Nord-Ouest au Sud-Est est bien visible sur la belle carte hypsométrique inédite au 1/160,000e dont M. Reynoard, professeur d'histoire et de géographie au lycée de Bastia, a fait don au Musée de la Ville.

devient occidentale en Sardaigne, et le contraire a lieu pour les parties anciennes. La liaison entre ces dernières se trahit nettement à l'extérieur par la nature granitique des îlots des Bouches de Bonifacio qui, aujourd'hui encore, marquent la place des terres disparues au moment de la rupture de l'isthme qu'a remplacé le détroit.

La différence la plus notable entre les formations des deux îles tient à ce que les éruptions récentes qui abondent en Sardaigne, ne se font jour en aucun point des assises cristallophylliennes ou sédimentaires de la Corse. On doit remarquer toutefois que ces roches éruptives récentes se sont épanchées à une faible distance à l'Est de l'île française, puisque l'archipel toscan en est partiellement constitué, sauf pourtant la Gorgone dont le sol possède la même composition que celui de la péninsule du Cap-Corse (1).

En somme, sur une carte géologique, la région Sardo-Corse se détache comme une zône fragmentée de roches éruptives anciennes, orientée Nord-Nord-Ouest, Sud-Sud-Est et sur les flancs de laquelle persistent encore vers le Nord-Est en Corse, vers le Sud-Ouest en Sardaigne, les restes de bandes latérales d'âge postérieur. Or, les investigations des savants contemporains, de M. Suess en particulier, ont démontré que la ride Sardo-Corse telle qu'elle subsiste de nos jours est le débris d'une longue péninsule que poussait vers le Sud un continent qui, à la fin de l'ère primaire, couvrait sur le globe une vaste étendue (2). Ce continent *hercynien*, ainsi a-t-il été nommé, dont le noyau de roches éruptives anciennes et de Gneiss a laissé des vestiges dans les moitiés de la Corse et de la Sardaigne qui se font face, s'étendait, dans sa

---

(1) L'île de Pianosa forme une exception d'un autre genre; elle est sédimentaire et offre de nombreux traits de ressemblance avec la plaine tertiaire d'Aleria qui en Corse lui fait face.

(2) Suess, *La face de la terre*, et, de Lapparent, *Traité de géologie*.

partie méridionale, de la Castille aux Baléares. Disloqué vers la fin des temps permiens, il fut alors séparé de l'extrémité de son prolongement Sardo-Corse par un affaissement correspondant en partie à l'Espagne orientale et à la fosse qui existe auj ourd'hui au large des Baléares. Les communications avec les plateaux granitiques espagnols une fois supprimées, ont-elles été jamais rétablies dans la suite des temps géologiques, c'est ce que, faute de preuves irréfutables, il n'est guère permis d'affirmer (1). Tout ce qu'on sait, c'est que plus tard, quand la zône des plissements alpins gagna progressivement vers le Sud, les sédiments déposés au Nord-Est du « témoin » épargné de la presqu'île Sardo-Corse, furent soumis à des pressions dont le lieu d'origine se révèle par l'orientation et par l'âge de plusieurs des terrains qu'ont influencés ces poussées.

Considérée isolément, la Corse actuelle apparaît comme dérivant de la juxtaposition de deux régions géologiques principales, très dissemblables entre elles, mais concordant chacune, d'une façon à peu près absolue, avec l'une des divisions géographiques primordiales que le simple examen de

---

(1) Dans l'archipel baléare qui jalonne l'intervalle entre la côte Espagnole et la région Sardo-Corse, les roches archéennes et éruptives anciennes n'apparaissent nulle part. Sur l'île septentrionale seule (Minorque) les terrains primaires (Devonien et Carbonifère inférieur) affleurent. Dans l'île intermédiaire (Majorque) les terrains secondaires semblent complets jusqu'au Crétacé moyen, puis de l'Eocène au Pliocène. Enfin, dans l'île du Sud (Ibiza), il y a probablement lacune dans les terrains jurassiques et les dépôts cessent au Crétacé supérieur. Il résulte de ces considérations que la racine de la péninsule Sardo-Corse a dû rester presque constamment sous les eaux dès la fin des temps primaires, sauf peut-être à l'époque du Crétacé supérieur, dont on ne retrouve aucune trace dans la province baléare.

la forme du sol a fait universellement admettre de longue date.

Sur le versant occidental de la muraille qui borde à l'Ouest la dépression centrale, de l'embouchure du Regino à celle de la Solenzara, s'étendent sur d'énormes espaces les roches éruptives anciennes qui constituent à elles seules la presque totalité du pays d'au delà des Monts.

Le *Granite* franc avec quelques-unes de ses variétés, en est la roche fondamentale, quoique les *Granulites*, qui l'ont traversé et recouvert, affleurent aujourd'hui sur une superficie presque égale à la sienne.

Tout autour de certaines protubérances granitiques et granulitiques se développent des zones de *Gneiss*, passant en dernier terme à des *Micaschistes*, dont l'origine est encore loin d'être éclaircie. Profitant des innombrables fissures, en majorité orientées comme les fractures principales, et, tantôt isolées, tantôt accumulées sur des aires caractéristiques, les *Diorites, Microgranulites, Porphyres, Porphyrites, Diabases* se sont épanchées en se recoupant parfois de façon à donner des renseignements précieux sur l'ordre de leur venue (1). Certaines de ces roches comme les Porphyres pétrosiliceux en s'interstratifiant au milieu des assises houillères d'Osani permettent même de mieux préciser l'âge relatif de certaines formations éruptives et sédimentaires.

Malheureusement ce dernier genre de phénomènes ne peut être qu'exceptionnel dans la Corse occidentale où les seuls terrains n'ayant certainement pas une origine éruptive sont, en outre des *lambeaux carbonifères* dont il vient d'être ques-

---

(1) Cette disposition en filons parallèles dans les champs de fracture des environs de Porto au Nord-Ouest et de Sartene au Sud-Ouest est rendue d'une façon saisissante sur la carte au 1/320,000e de M. l'Ingénieur Nentien qui le premier a fait connaître ce trait remarquable de la géologie de la Corse.

tion, les plateaux calcaires du bassin *tertiaire de Bonifacio* et quelques dépôts *pleistocènes* qui n'ont été touchés par aucune éruption.

Considérées en elles-mêmes, les couches carbonifères du Nord-Ouest de l'île ne présentent qu'un médiocre intérêt géologique, parce que, reposant sans intermédiaire sur le Granite, elles ne sont pas subordonnées à d'autres assises sédimentaires plus récentes. Au point de vue économique leur importance n'est guère plus considérable, car toutes les tentatives d'exploitation des lits de houille qu'elles contiennent, n'ont pu devenir encore rémunératrices.

Dans la petite contrée tertiaire de Bonifacio les couches miocènes, déposées dans une dépression de la Granulite, ne donnent non plus la solution d'aucun problème stratigraphique, mais, par contre, leur richesse en débris organisés fossiles leur a acquis en paléontologie une célébrité justement méritée.

Ce qui prédomine à l'Est du grand sillon central, ce sont des *schistes cristallophylliens sériciteux à la base, amphiboliques au sommet,* renfermant des bancs de calcaire cipolin et accompagnés d'un cortège de roches endogènes verdâtres, serpentineuses et ophiolitiques qui les ont traversés. De ces *Pierres vertes* si typiques les unes dérivent des *Péridotites*, les autres, plus récentes, sont des *Euphotides* ; elles constituent à elles deux la masse des roches éruptives de la partie Nord-Orientale de la Corse où l'on ne peut signaler en dehors d'elles qu'une *Porphyrite.* En ce qui concerne les Schistes cristallophylliens sur lesquels reposent toutes les autres formations sédimentaires peu ou pas altérées, leur âge exact n'a pu être déterminé à l'aide des observations faites en Corse, faute de repère paléontologique antérieur au Carbonifère. On donc été contraint de procéder par comparaison avec les régions rapprochées, et c'est ainsi, qu'en se fondant sur l'analogie des schistes cristallophylliens corses avec les phyllades précambriens de la Sardaigne, on est convenu d'attribuer, jusqu'à nouvel ordre, aux premiers le même âge qu'aux formations similaires de l'île voisine.

A leur base, les schistes cristallophylliens passent à la granulite protogynique qui les a influencés et redressés, ce qui prouve, qu'au moins les dernières venues de cette roche sont postérieures au dépôt des plus anciens sédiments de l'île.

Aux schistes cristallophylliens succèdent dans l'ordre chronologique des lambeaux de calcaire bien visibles à l'Ouest de Serra di Pigno, près de Barbaggio. Ces bancs dépourvus de tout débris organisé, ont été rapportés au *Carbonifère,* à cause de leur ressemblance avec les assises de ce niveau déjà cité dans le Nord de la côte orientale. Sur le bord du bassin de Saint-Florent ces calcaires sont recouverts par des schistes bariolés, des grès verdâtres et des calcaires dolomitiques qui sont probablement d'âge *permien* ou *triasique.* Viennent ensuite des calcaires gris dont la partie inférieure appartient certainement à la base du *Lias,* tandis que les couches les plus élevées doivent être, ce semble, rangées dans une division encore indéterminée du système jurassique. Le reste des étages secondaires fait complètement défaut dans cette région, comme d'ailleurs sur tous les autres points de la Corse.

Le Tertiaire débute par un *Eocène* à facies alpin (Flysh des auteurs), calcaire et gréseux à sa partie inférieure, schisteux et gréseux à sa partie supérieure. Des zones étroites des couches les plus anciennes sont visibles sur le rivage du Cap-Corse, à Macinaggio et au pied des derniers contreforts qui dominent la plaine d'Aleria, près de Linguizetta. Les schistes et grès du sommet de la formation sont surtout développés entre le pied des collines du Sant'Angelo qui enserrent Saint-Florent, et les monticules liasiques d'orientation Nord-Sud, situés à l'Ouest de Patrimonio. Dans ce petit bassin, l'Eocène disparaît sous un *Miocène* à facies également alpin qu'on retrouve beaucoup plus complet le long de la côte orientale, d'Alistro à l'étang d'Urbino. Enfin le Tertiaire se termine à Saint-Florent même par une mollasse pliocène très réduite (1), et près d'Aleria par des sables jaunes d'âge incertain, antérieurs aux sables astiens du *Pliocène moyen* de Casabianda. Comme on le voit, l'*Oligocène*, qui normalement devrait s'intercaler entre le Nummulitique et le Miocène, manque partout en Corse. Le *Quaternaire* ou *Pleistocène* couvre des surfaces bien plus étendues dans la région Nord-Orientale que dans la région opposée où il n'est guère bien représenté que par les alluvions du Campo dell'Oro, les éboulis de pente de Bonifacio, les poudingues de l'embouchure du Liamone. Dans l'Est au contraire cet étage comporte outre les alluvions anciennes extrêmement puissantes, de véritables brèches osseuses auxquelles ont succédé des alluvions modernes, des cordons littoraux et des dunes dont la formation se continue encore de nos jours.

C'est surtout dans la dépression suivant laquelle s'accollent les deux régions géologiques principales, que se sont accumulés les terrains d'origine sédimentaire ayant contribué à l'édification du sol de la Corse. Le *Permo-Trias* s'y développe en deux étroits liserés parallèles plaqués contre les bords opposés du sillon, à l'Ouest, entre Ponte-Leccia et le Col de San-Quilico, à l'Est des environs de Valle di Rostino jusqu'à Aiti. Ce terrain est recouvert, sauf au Nord de Sove-

---

(1) Découverte par MM. Sépult et Sage en 1899. La coupe a été faite par M. Nolan et la faune étudiée par M. Mayer-Eymar, le savant paléontologiste de Zurich.

ria, par les calcaires du *Lias*. Ces derniers, après avoir
affecté d'abord la même allure que leur substratum triasique, se prolongent ensuite dans la bande occidentale, plus
au Sud que Corte, sans laisser apercevoir la moindre amorce
de Trias entre leur base et les schistes sériciteux sur lesquels
ils reposent. Dans l'intérieur de ces deux minces zones permo-
triasiques et liasiques qui se font vis-à-vis, la partie médiane
de la dépression est comblée par des *Diabases tertiaires* et
l'*Eocène à nummulites*. Les couches les plus anciennes de ce
dernier étage, affleurant sur chaque bord à Corte et près de
Favalello, circonscrivent les assises les plus récentes réunies
en une masse unique, et ainsi se trouve clairement accusée
dans cette région la disposition en cuvette des sédiments du
détroit central. Plus au Nord et plus au Sud ce caractère
perd de sa netteté, soit parce que les terrains secondaires
restent cachés sous l'Eocène qui de tous côtés déborde au delà
de l'aire occupée par eux, soit parce que les strates inférieures nummulitiques disparaissant à leur tour, les grès et poudingues supérieurs de cette formation s'appuient contre les
Schistes amphiboliques, les Granulites, les Gneiss ou même
les Granites qui constituent le fond et les bords de la cuvette.
Dans la contrée montueuse qui sépare Vezzani de Prunelli di
Fiumorbo, l'Eocène a fini par être presque complètement
enlevé par l'érosion, et des lambeaux isolés témoignent seuls
de la continuité de cette formation qui jadis s'est déposée
sur toute la longeur du détroit central.

De puissantes éruptions de *Diabase* passant au *Gabbro* et
accompagnées de *roches serpentineuses*, se sont épanchées à
travers les assises du Secondaire et les plus anciennes du
Tertiaire qu'elles ont métamorphisées en partie. Cette reprise
de l'activité éruptive éteinte depuis la fin du Primaire, n'a
embrassé, à vrai dire, qu'une courte période. Déjà, avant la
fin des temps éocènes, elle avait cessé, puisque les poudingues supérieurs du Nummulitique recouvrent les roches

ophiolithiques qui ont percé, comme il vient d'être dit, les couches inférieures du même étage.

Quelques *alluvions quaternaires* et *récentes* sont accumulées, soit dans le fond des vallées telles que celles du Golo, de l'Asco, du Tavignano, soit à l'embouchure des rivières où parfois, comme l'Ostriconi en offre un exemple, elles sont cachées le long du rivage par des dunes actuelles.

Fait digne d'être noté, le *Miocène* qui s'est déposé à peu de distance des extrémités Nord et Sud du sillon central, à Saint-Florent, Aleria et Bonifacio, n'a laissé aucun vestige pouvant faire supposer qu'il ait jamais existé dans le sillon lui-même.

On doit ajouter pour compléter cette esquisse de la structure d'ensemble de la Corse, que, sur toute la surface des deux grandes régions géologiques naturelles et leur zone de contact, les fractures et les fissures ont livré passage à des produits de sublimation condensés en des *gîtes minéraux* ou *métallifères* et à des *sources chaudes* ou *froides* qui, en raison de leur forte minéralisation, se rattachent aux manifestations de l'activité interne du globe.

En définitive, la Corse actuelle apparaît comme le résultat de la juxtaposition, le long d'une dépression étroite, de deux régions géologiques principales, très dissemblables entre elles, mais correspondant, chacune d'une façon à peu près absolue, à l'une des divisions géographiques primordiales que la simple considération de l'aspect du sol a fait universellement admettre. On pourra dès lors, grâce à cette coïncidence, essayer de donner pour chaque grande région naturelle de l'île une définition d'ensemble qui englobe dans une brève formule ce qu'on sait de la nature du sol, de la configuration extérieure du relief et aussi de l'origine dans le passé de la constitution et des formes actuelles. Si donc, dans ce but, on prend pour base les données les mieux établies et les hypothèses les plus plausibles, il semble qu'on pourra résumer dans les trois paragraphes suivants les caractères distinctifs de chacune des grandes régions dont il a été question ci-dessus et ceux de leur zone de contact.

1º. La région de haut relief avec ses chaînes orientées en moyenne du Nord-Est au Sud-Ouest, qui s'étend à l'Ouest de la dépression centrale de la Corse, est formée par des Gneiss ou des roches éruptives anciennes et ne comporte que par exception des lambeaux sédimentaires très réduits. Elle représente un débris d'une presqu'île méridionale de l'ancien continent hercynien dont la dislocation remonte à la fin des temps primaires.

2º Dans la partie de la Corse située à l'Est du sillon central, des chaînes parallèles, d'altitude moindre que celles de l'au-delà des Monts, courent d'abord du Nord au Sud pour s'infléchir ensuite vers le Sud-Est à leur extrémité méridionale. La grande masse des terrains est de schistes sériciteux et amphiboliques primaires traversés et métamorphosés par des roches vertes serpentineuses. Sur certains points cependant cet ensemble est surmonté par des sédiments plus récents, secondaires, tertiaires ou quaternaires. Cette région orientale appartient à la zone où les plissements alpins se sont fait sentir, tout au moins jusqu'à la fin des temps éocènes et probablement plus tard encore.

3º Le sillon suivant lequel s'effectue le contact des deux régions précédentes ne comporte que des accidents du sol dont la cote n'excède pas 600 mètres. Il est essentiellement constitué par des sédiments secondaires et tertiaires et par des roches éruptives contemporaines de ces derniers. C'est seulement sur une faible surface que les formations plus anciennes, ailleurs cachées par ce revêtement, ont été mises à nu par des érosions. La dépression centrale ne saurait être considérée comme possédant une individualité propre; elle appartient en réalité à la même zone de plissements que la Corse du Nord-Est dont elle représente le bord occidental.

Ces définitions générales sur le relief, la constitution et l'origine du sol de l'île une fois données, il convient maintenant, afin de parvenir à une connaissance plus intime de la région, de passer successivement en revue les formations éruptives et sédimentaires dont la réunion a produit le sol de la Corse.

DEUXIÈME PARTIE

Description résumée

des Formations endogènes ou éruptives, exogènes ou sédimentaires des gîtes minéraux et des sources minérales

Si on récapitule les différentes formations qui ont contribué à l'édification du sol de la Corse actuelle, on voit au premier abord qu'elles se rangent dans les deux grandes catégories admises en géologie, à savoir : La série des roches issues de l'activité interne du globe et la série des roches qui sont le produit du remaniement sous l'action des agents atmosphériques, principalement des eaux, de matériaux de la première écorce terrestre en voie de consolidation ou de matériaux déjà consolidés. En Corse, moins que partout ailleurs, ces deux séries ne sont indépendantes l'une de l'autre ; bien au contraire, elles offrent de continuels points de contact que dans l'examen de la structure géologique de l'île, il importe de ne jamais perdre de vue. Mais ceci posé, afin précisément de faciliter l'étude de cette structure, il devient nécessaire de considérer séparément, sauf dans quelques cas spéciaux, les termes des deux grandes divisions dont la réunion donne cet ensemble toujours complexe qui constitue le sol.

Ces principes, admis à toute époque par les géologues expérimentés, ont reçu la sanction d'une longue pratique, c'est pourquoi ils ont été adoptés dans la rédaction de cette notice qui comportera les chapitres ci-après :

A. — *Série endogène ou éruptive.*

B. — *Série exogène* $\begin{cases} b. \ Archéenne \ ou \ mixte. \\ b^1. \ Sédimentaire. \end{cases}$

C. — *Gîtes minéraux et sources minérales, résultant de l'activité interne, mais répartis indifféremment, dans les fractures qui découpent les terrains éruptifs aussi bien que les sédimentaires.*

Des Tableaux, rejetés à la fin de la notice, sont en outre destinés à compléter les chapîtres traitant des diverses formations et des gites minéraux ainsi qu'à faciliter les recherches sur le terrain.

Le *Tableau nº 1* comprendra, pour chaque roche, chaque formation sédimentaire et chaque gîte minéral, la liste des localités se prêtant le mieux à l'étude.

Le *Tableau nº 2* présentera sous une forme différente les mêmes renseignements que le Tableau nº 1. Les localités de la Corse intéressantes au point de vue géologique, y seront rangées par ordre alphabétique et en regard de leur nom seront indiqués les roches, couches sédimentaires et minéraux qu'on y rencontre.

C'est seulement après avoir passé en revue les différentes roches et sédiments, dont la juxtaposition et la superposition a donné naissance à une région géologique, que l'histoire de cette région, considérée comme une véritable entité, peut être abordée et esquissée à grands traits. Dans cet ordre d'idées, un *Aperçu de l'Histoire géologique de la Corse,* basé sur les données contenues dans les chapitres précédents, exposera dans une Troisième partie et à titre de Conclusion, les phases successives qu'a traversées le sol de la Corse à travers les âges.

A. — Série Endogène ou Éruptive

GÉNÉRALITÉS.

Les termes de cette série qui entrent dans la composition du sol de la Corse appartiennent à des types assez nombreux, dont toutes les variétés locales sont loin d'être connues aujourd'hui.

On sait déjà, par ce qui a été brièvement indiqué dans l'*Esquisse géologique*, combien est inégale la répartition et combien différente la nature des roches endogènes sur les divers points de la surface de l'île.

Dans la partie occidentale, outre les divers Granites et les Granulites normales ou protogyniques formant la presque totalité des terrains, d'abondantes venues de Microgranulite culminent en un immense massif (Mont Cinto), et d'innombrables nappes ou filons de Diorites, Porphyres et Porphyrites recoupent les roches plus anciennes, en y dessinant parfois un réseau serré.

Au milieu des puissants schistes de la région du Nord-Est, les roches endogènes sont exclusivement des Serpentines anciennes dérivées des Péridotites, des Euphotides et, par exception, des Porphyrites.

Enfin, dans le sillon central et sur ses bords, la variété est encore moins grande ; une seule roche endogène, une Diabase passant au Gabbro y a apparu, mais ses nappes se sont étendues, il est vrai, sur de vastes espaces.

L'âge de la plupart de ces produits de l'activité interne est difficile à indiquer quand on cherche à l'évaluer par rapport à l'une ou l'autre de ces grandes périodes entre lesquelles l'étude de la succession des débris organisés a permis de diviser la vie du globe. Les terrains sédimentaires manquant ou restant indéterminables eux-mêmes en Corse, les points de repère font, on le conçoit, presque toujours défaut. Malgré cette lacune, on peut cependant avancer que la majeure partie des roches éruptives est antérieure à l'ère secondaire, et que les dernières parues remontent encore à une époque géologique très éloignée de la nôtre. Les investigations poursuivies en Corse et la comparaison avec les régions voisines conduisent, en effet, à admettre que toutes se sont épanchées avant le dépôt de l'Infra-Lias, à l'exception d'une seule qui s'est fait jour au commencement de l'ère tertiaire, au milieu de dépôts nummulitiques. Mais que l'on veuille maintenant, resserrant les limites qui viennent d'être tracées, chercher à préciser davantage le moment de la venue des roches endogènes antérieures aux temps secondaires ou contemporaines du début de cette période, on se heurte à des difficultés en partie insolubles dans l'état actuel de nos connaissances.

Si, en effet, les observations prouvent à l'évidence que les Porphyres pétrosiliceux et les Orthophyres sont synchroniques des schistes houillers au milieu desquels ils s'intercalent, il existe déjà moins de certitude à l'égard des Microgranulites et de quelques Porphyres qui recoupant seulement les Schistes luisants subordonnés au Calcaire carbonifère, doivent être classés, pour ce motif, soit dans une division carboniférienne inférieure, soit dans le Dévonien supérieur. Pour les autres roches, le doute s'accroît encore, et l'on est, la plupart du temps, contraint de faire entrer comme élément d'appréciation la considération de l'époque à laquelle appartiennent dans des régions limitrophes ou peu éloignées, les roches identiques à celles que l'on examine. On conçoit aisément que l'introduction d'une pareille donnée, ne reposant pas sur des observations locales, fournit des renseignements qui ne sont pas à l'abri de la critique ; c'est pourquoi on ne doit voir là qu'un procédé commode pour relier les connaissances fermes que nous possédons sur l'ordre de succession de diverses roches endogènes de la Corse.

Ainsi, on dira de certaines Diorites, des Granites et de la Syénite, qu'en Corse, comme dans la plupart des pays où elles affleurent, ces roches semblent des protubérances au milieu des plus anciennes formations gneissiques de la région ; les Granulites proprement dites qui ont traversé les Micaschistes, sans atteindre les phyllades sériciteux, seraient antérieures au Précambrien ; les Granulites protogyniques ayant au contraire soulevé ces phyllades pourraient, comme dans les Alpes, être précarbonifères ; les Diorites quartzifères semblent être permiennes ; certaines Porphyrites, une grande partie des Serpentines anciennes et l'Euphotide très analogue à celle du Mont Genèvre, seraient, comme dans ce massif alpin, triasiques.

C'est seulement avec les dernières roches éruptives que la certitude au sujet de l'âge de ces formations reparaît. Les Diabases et les Gabbros récents, intercalés dans les couches éocènes nummulitiques sont, sans conteste, contemporains du début de l'Ere tertiaire.

A défaut de l'âge absolu de nombre de roches endogènes, l'âge relatif de plusieurs d'entre elles par rapport à d'autres nous est connu par la façon dont leurs filons se pénètrent et s'entrecroisent. Des Diorites anciennes, par exemple, pincées au milieu des Granites, apparaissent de ce fait comme plus anciennes que les roches acides qui les ont évidemment amenées de la profondeur, tandis que d'autres Diorites, après avoir percé le Granite, sont recoupées à leur tour par la Granulite normale. La Granulite protogynique, poussée au dehors postérieurement à la précédente, est sillonnée par des éruptions de Diorites quartzifères, de roches vertes filoniennes, de Porphyrites et de Diabases; enfin, plusieurs Porphyrites traversent les Porphyres pétrosiliaux et les Euphotides semblent s'épancher au dessus des Serpentines.

Le tableau ci-dessous présente, d'après le système de M. de Lapparent, la classification des roches endogènes de la Corse, fondée sur la gradation de caractères suivante. Comme caractère de premier ordre, la *richesse en Silice* qui conduit à diviser les roches en acides (teneur en Silice plus élevée que 65 %), neutres (entre 65 et 55 %), basiques (au dessous de 55 %) ; puis vient la considération de l'*Etat* de la roche qui peut être un agrégat d'éléments exclusivement cristallins et qu'on dit alors *holocristalline*, ou qui est un mélange d'éléments cristallins et vitreux, c'est à dire *hypocristalline*, ou enfin dont la masse est même entièrement *vitreuse*. Ce dernier état n'existe pas dans les formations empogènes de la Corse.

On fait ensuite intervenir la *Texture* qui comporte plusieurs *types*, subdivisés à leur tour en *Modes*. Les types sont: le *Type granitoïde*, dans lequel tous les cristaux composants ont pris, chacun selon son espèce, un développement équivalent ; le *Type porphyroïde*, où des cristaux apparents sont englobés dans une pâte de cristaux plus petits mêlés parfois à des traînées amorphes vitreuses. Le type granitoïde comprend : le mode *granitique* caractérisé par un développement à peu près égal des éléments constitutifs qu'emprisonne une trame de grains de quartz, orientés d'une façon à peu près invariable sur de larges plages ; le mode *granulitique*, dans lequel chaque grain de quartz possède son orientation propre; le mode dit *pegmatitique*, quand le Quartz et le Feldspath ont pris en cristallisant la même orientation. Ces divers modes deviennent microgranitique, microgranulitique et micropegmatitique lorsqu'ils ne se révèlent qu'à la loupe ou même au microscope. Le type porphyroïde admet également plusieurs modes. Le mode *porphyrique* proprement dit, spécial aux roches holocristallines ; des cristaux plus grands y sont noyés dans une pâte cristalline ; le mode *microlithique*, où les cristaux de la pâte, très petits, ont une tendance à l'allongement dans un sens déterminé ; le mode *felsitique*, quand, entre des cristaux élémentaires excessivement petits, se trouve disséminée de la matière amorphe. Enfin, dans les roches basiques holocristallines du type granitoïde seules, se voit un mode qui établit le passage entre le granitique et le felsitique : c'est le mode *Ophitique*. Dans celui-ci les cristaux, supérieurs en dimension aux microlithes, manifestent déjà, comme ces derniers, une disposition à l'allongement.

Des divisions d'ordre inférieur dans la classification sont encore obtenues en groupant un certain nombre de roches en familles autour d'un type, soit pétrographique, soit minéralogique particulièrement caractéristique. (Famille syénitique, famille de l'amphibole par exemple) :

Teneur en SiO²	ÉTAT	TYPE	TEXTURE	
			MODE	
Roches acides SiO² supérieur à 65 °/₀.	Holocristallin	Granitoïde	Granitique . . . . Granites. Granulitique et microgranulitique. . . Granulites, Protogyne, Aplite, Microgranulites. Pegmatitique. . . . . Pegmatite.	
	Hypocristallin	Porphyroïde	Porphyrique . . . . Porphyres microgranulitiques, quartzifères (pro parte). Felsitique . . . . Porphyres globulaires et pétrosiliceux ; Pyroméride.	
Roches neutres SiO² inférieur à 65 °/₀ supérieur à 55 °/₀.	Holocristallin	Granitoïde	granitique { famille syénitique . . . . Syénite. famille andésitique . . . . Diorite quartzifère. microgranitique { famille andésitique. . . . . Kersantite.	
	Hypocristallin	Porphyroïde	microlithique { famille syénitique . . . . Orthopyres. famille andésitique. . . . . Porphyrites micacées, (pro parte).	
Roches basiques SiO² inférieur à 55 °/₀.	Holocristallin	Granitoïde	granitique { famille de l'amphibole. . . . . . . Diorite. famille du Pyroxène { augite . . . Diabases. diallage . . Gabbro, Euphotide famille des Pyroxènes rhombiques. Norites, Serpentines (pro parte). famille du Péridot. Péridotites, Serpentines (pro parte). ophitique . . . . Diabases ophitiques.	
	Hypocristallin	Porphyroïde	microlithique à facies porphyrique dominant { . . . . Porphyrites basiques et Porphyrites micacées (pro parte).	

Si le tableau précédent permet d'embrasser à première vue l'ensemble des caractères de toutes les roches qui y sont inscrites, il convient toutefois de remarquer que la stricte application des principes d'après lesquels il est établi, conduit forcément à la scission de certains groupes très naturels, dont les termes extrêmes arrivent à prendre place dans une subdivision voisine par suite de la prépondérance acquise par un caractère jugé de première valeur. Ainsi, les Diorites qui sont par leur composition des roches basiques, peuvent se surcharger de silice tout en gardant leurs autres caractères. Des observations analogues peuvent être faites pour les Syénites dans leurs rapports avec le Granite, pour les Orthophyres relativement aux Porphyres proprement dits, et enfin pour les diverses Porphyrites (Voir le tableau précédent).

Il y a donc là une raison suffisante pour ne pas s'astreindre à suivre d'une façon absolue dans la description des roches endogènes, l'ordre du tableau ci-dessus, malgré ses avantages, et il semblera plutôt préférable de conserver réunies autour de types bien définis, les formes extrêmes marquant le passage à des groupes voisins. C'est dans cet esprit que seront donc examinées les roches endogènes aujourd'hui connues en Corse qui ont été réparties entre les chapitres suivants, d'après la méthode de M. Nentien.

I°.   Avec le Granite et ses diverses variétés, la Syénite.
II°.   Les Granulites normales et protogyniques.
III°.   Les Diorites, depuis les plus basiques jusqu'aux plus acides.
IV°.   Les Aplites, Microgranulites avec leurs passages aux Porphyres et toutes les variétés de ces derniers.
V°.   Les Porphyrites.
VI°.   Les Serpentines.
VII°.   Les Euphotides.
VIII°. Les Diabases avec leurs passages au Gabbros.

I. — GRANITE ET SYÉNITE (*)

Répartition générale du Granite et de la Granulite. — Le Granite se partage à peu près également avec la Granulite la partie occidentale et méridionale de la Corse.

Caractères extérieurs distinctifs du Granite et de la Granulite. — L'aspect du terrain suffit en général pour indiquer à laquelle de ces deux roches le sol doit son relief. En effet, tandis que le Granite, assez désagrégeable, a, en se décomposant, donné naissance à des formes de terrain arrondies dont la végétation a pris possession, la Granulite, au contraire, bien moins altérable, a constitué principalement des surfaces arides, abruptes et décharnées. Cette règle n'a pourtant rien d'absolu.

Contacts entre le Granite et la Granulite. — Le mode de contact entre ces deux roches est variable. Au voisinage des massifs de Granulite, par exemple, le Granite passe insensiblement à celle-ci au lieu que la séparation reste toujours très nette entre le Granite et les filons minces de Granulite à grains fins ou Aplite.

Différentes espèces de Granite de la Corse. — Syénite. — Le Granite le plus répandu en Corse est un *Granite à deux feldspaths* dont l'un blanc est de l'Oligoclase, l'autre rose de l'Orthose, de l'Anorthose et surtout du Microcline. Ces feldspaths roses prédominent et tel est le motif pour lequel la roche revêt d'ordinaire une teinte couleur de chair.

Plus rare que le précédent est un *Granite porphyroïde très*

(*) Les gisements les plus remarquables des roches endogènes sont donnés au tableau n° 1, à la fin du présent résumé.

riche en sphène largement cristallisé. Ce minéral et les autres minéraux colorés (fer oxydulé, ilménite, zircon, biotite, amphibole), sont réunis en masses ou en traînées sur lesquelles se moulent les feldspaths et le Quartz en larges plages.

La roche ci-dessus contient déjà de l'Amphibole. Quand ce minéral se substitue à la majeure partie du Mica biotite, il en résulte un véritable *Granite à amphibole*. Si dans ce dernier la disparition du Quartz coïncide avec un accroissement dans la proportion des feldspaths exclusivement potassiques et avec une altération de l'Amphibole, il y a production d'une *Syénite à épidote*. Cette roche n'est jamais, d'ailleurs, en Corse, qu'un accident du Granite au milieu duquel elle apparaît en masses réduites et à contours peu distincts.

Types de passage à la Granulite. — Parmi les types de passage du Granite à la Granulite, fréquents surtout quand des masses importantes de ces deux roches sont en contact, on doit citer : *Un Granite à deux micas* (biotite et mica blanc), des *Granites très feldspathiques* et enfin un *Granite à épidote et allanite* très intéressant (1).

Roches endogènes ayant traversé le Granite. — Les roches endogènes qui ont utilisé les fractures du Granite soit pour s'y consolider en filons, soit pour s'épancher en véritables masses, sont les suivantes : Granulite, Microgranulite, Porphyre globulaire, Porphyre pétrosiliceux, Pyroméride, Orthophyre, Kersantite, Gabbro, Norite, Diabase, Porphyrites amphiboliques et augitiques, auxquelles il faut ajouter d'innombrables filons de Quartz de toute dimension.

Roches endogènes enclavées dans le Granite. — De son côté le Granite emprisonne dans sa masse des noyaux de roches plus anciennes, arrachées aux parties profondes de l'écorce,

---

(1) L'Allanite, minéral rare découvert dans les Syénites éléolithiques, est un Silicate anhydre d'alumine, chaux, fer et cerium avec lanthane et didyme.

puis incomplètement refondues ou résorbées et sur lesquelles
les phénomènes de métamorphisme et de recristallisation sont
très nets. La dimension moyenne des échantillons ne dépasse guère la grosseur du poing, et, s'il en est de beaucoup
plus petits, d'autres par contre cubent jusqu'à un mètre. Les
éléments de quelques unes de ces enclaves basiques sont : le
Mica, en général associé à la Hornblende, l'Oligoclase, plus
rarement l'Orthose, le Quartz en quantité variable mais toujours faible. Ce sont des *Kersantites amphiboliques, quartzifères ou non*. Si l'Orthose l'emporte sur l'Oligoclase la roche
devient une *Syénite micacée quartzifère*.

II. — GRANULITE

Passages du Granite à la Granulite. — Ainsi qu'il a été
expliqué précédemment, le Granite passe parfois à la Granulite d'une façon si peu sensible que la délimitation entre les
deux roches devient difficile à tracer.

Modes d'épanchements de la Granulite : Filons et Massifs.—
La Granulite se présente souvent en *filons* recoupant le Granite, le Gneiss et les Micaschistes, mais plus fréquemment encore en *massifs* d'étendue considérable, moins récents que la
Granulite filonienne ou Aplite qui les pénètre en nombre de
points.

Types de Granulite existant en Corse. — La Granulite proprement dite comporte deux variétés, correspondant à des
venues différentes et cantonnées dans des régions distinctes :

1o *Granulite normale*, répandue dans toute la Corse
occidentale en massifs indépendants, parmi lesquels il convient de citer ceux de la Balagne, des Calanques, des montagnes de la Gravone et du Prunelli et du Cirque de Bavella.

2° *Granulite protogynique*, épanchée le long de la dépression centrale de l'île, dans la partie Est de la région granitique en particulier, où elle s'étend en une longue bande, de la pointe de Curza à l'Ouest du golfe de Saint-Florent, jusqu'au faîte de partage des bassins du Travo et du Taravo.

1° — GRANULITE NORMALE.

La constitution minéralogique de cette Granulite est plus variable que celle de la Granulite protogynique. Elle comporte essentiellement du Zircon, du Mica noir souvent peu abondant, de l'Oligoclase, du Microcline, de l'Orthose, plus rarement de l'Anorthose et du Quartz granulitique ou non. Aucune trace d'orientation n'y est apparente et les minéraux du second temps de cristallisation y font défaut. Par la nature grenue et la dimension de ses éléments, cette roche ressemble d'ordinaire beaucoup au Granite, cependant on en trouve des variétés filonniennes à grains fins ou *Aplites*, qui passent à de véritables Microgranulites.

Les *variétés à Mica blanc, avec tourmaline et grenat*, sont excessivement rares en Corse où la structure pegmatoïde n'existe aussi qu'accessoirement. Il en est tout autrement des *Granulites à amphibole* qui abondent, et parmi lesquelles il convient de mentionner d'une façon spéciale la Granulite caractérisée par l'amphibole sodique très polychroïque, connue sous le nom de Riébeckite, associée dans quelques gisements à la Fluorine, à l'Ægyrine, à l'Astrophyllite (1).

_____

(1) L'Ægyrine est une variété d'Acmite qui est elle-même une espèce du groupe du Pyroxène augite; l'Astrophyllite est une variété de Pyroxène titanifère.

2° — GRANULITE PROTOGYNIQUE.

En Corse, cette Granulite, de composition plus homogène que la précédente, appartient à un type qui souvent passe insensiblement au Granite et dans lequel, au moins en ce qui concerne le Quartz, on observe un second temps de cristallation. Les feldspaths Oligoclase, Microcline, Orthose y sont généralement blancs et non roses comme dans la Granulite normale, le Mica est presque toujours transformé en Epidote et Chlorite, et, sous le microscope, le Quartz offre le genre d'extinctions dites « roulantes ». En outre, « la tendance marquée des phyllites à l'orientation, » surtout au bord des massifs, donne à cette roche un aspect gneissique plus ou moins accentué mais pourtant très constant. Ce dernier caractère, joint à celui non moins général de la « clasticité » des éléments, nous révèle des actions mécaniques intenses subies par la roche après sa consolidation.

Un fait digne de remarque est l'existence autour des massifs de protogyne d'une auréole de *Gneiss*, dus au laminage, et possédant la même composition que la roche qu'ils circonscrivent. La structure de ces Gneiss, d'autant plus zonés qu'ils s'éloignent davantage du centre du massif protogynique enveloppé par eux, sera envisagée dans un article spécial (Chapitre B).

S'il est souvent aussi difficile de différencier la Granulite protogynique du Granite que de la Granulite normale, il paraît néanmoins certain qu'elle appartient à une venue plus récente que ces deux roches. Son âge ne saurait toutefois être indiqué qu'à la condition de le comprendre entre de très larges limites. On sait, en effet, d'une part, que la Granulite protogynique empâte (1) des fragments de schistes et de

---

(1) Dans la vallée de l'Asco par exemple, entre Asco et Moltifao.

quartzites qui reposent sur elle dans la Corse orientale et qu'elle a redressés. On note, d'autre part, qu'elle a été traversée par les roches vertes filoniennes, des Porphyrites et des Diabases, mais qu'on n'y a jamais découvert aucune trace des Porphyres pétrosiliceux qui ont recoupé le Houiller. Dans ces conditions, la venue de la Protogyne semblerait donc postérieure à la période carboniférienne ; elle est d'autre part sûrement antérieure à la fin de l'Eocène car les poudingues qui terminent le Nummulitique en Corse, la recouvrent près de Venaco. Il convient d'ailleurs d'ajouter, en se basant sur les observations alpines, que la Protogyne a vraisemblablement apparu à un moment beaucoup plus rapproché de la limite inférieure que de la limite supérieure indiquées ci-dessus, à l'époque permienne peut-être (1).

Relations de la Protogyne avec les Schistes sériciteux. — En nombre de points il est visible que la Granulite protogynique sert de substratum aux Phyllades sériciteux auxquels elle paraît passer progressivement. Les conditions de ce passage seront examinées en même temps que ces derniers terrains.

III. — DIORITES (Norites, Gabbros)

Les formations endogènes de ce groupe sont les unes franchement basiques, les autres quartzifères.

Diorites proprement dites. — Les roches rangées sous la

---

(1) Comme nulle part en Corse, elle n'a à notre connaissance percé ni les calcaires et cargneules inférieurs à l'Infra-Lias ni l'Infralias, elle se serait donc épanchée avant le dépôt de ces diverses assises. Cependant, à cause de la faible étendue des affleurements supposés triasiques et de ceux incontestablement infra-liasiques, on ne saurait tirer de cette apparence un argument péremptoire.

rubrique commune de *Diorites* proprement dites passent par de légères modifications de l'une à l'autre en formant une série dont les termes extrêmes seraient des *Diorites* et des *Norites*, les termes intermédiaires des *Gabbros*. L'Anorthite y domine, le labrador restant beaucoup plus rare ; l'Amphibole caractèrise le type Diorite, le Diallage le type Gabbro, l'Hypersthène le type Norite. Quant à la structure, elle est ophitique et parfois pœcilitique (1). Toutes ces roches constituent au milieu du Granite, principalement dans le Midi de l'île, des dykes irréguliers ou des filons dont l'orientation moyenne est voisine du Sud-Ouest.

D'autres Diorites diffèrent des précédentes par leur mode de gisement. Formant de véritables « boules » au sein du Granite ou même de la Granulite, ces Diorites ne sont donc pas postérieures aux roches qui les emprisonnent, mais doivent être au contraire considérées comme plus anciennes que le Granite et la Granulite qui les ont entraînées de la profondeur.

Diorites quartzifères. — Aux Diorites franches du groupe précédent on peut rattacher, mais d'assez loin, par l'intermédiaire d'une Diorite anorthique quartzifère, des roches très acides à texture grenue et parfois pegmatitique qui sont des *Diorites quartzifères.* Certains échantillons contiennent de l'Orthose conjointement avec le Plagioclase, et quelques-uns du Mica. Ces roches pénètrent en filons dans la Granulite protogynique.

Diorite orbiculaire. — Parmi les Diorites de Corse, la plus remarquable est celle qui a été successivement décrite sous les noms de *Granite orbiculaire, Diorite orbiculaire, Corsite,* et dont l'unique gisement connu est celui de Sainte Lucie de Tallano.

---

(1) Voir Lacroix : Minéralogie de la France et de ses colonies, *Diorite de Levie,* reproduite par Nentien, page 73.

Des études remarquables entreprises en 1897 par M. Nentien, ingénieur au corps des Mines, ont conduit ce savant à déterminer définitivement cette curieuse roche comme un *Gabbro anorthique à amphibole*.

Sur le terrain, les masses à contours arrondis de la Diorite orbiculaire sont empâtées dans un Gabbro à amphibole plus basique, au milieu duquel elles paraissent pincées. L'élaboration de la roche à nodules semble donc avoir eu lieu dans la profondeur d'où elle aurait été amenée toute formée, par le Gabbro, au sein duquel elle constitue des enclaves.

A l'œil nu, la Diorite orbiculaire comporte des orbes irrégulièrement disséminés dans un magma qui ne paraît pas en différer sensiblement. Ces orbes offrent trois variétés entre lesquelles on trouve tous les passages, les deux premières n'étant pour ainsi dire que des ébauches de la troisième qui est la plus parfaite. (Voir la figure schématique dans Nentien, page 79).

Dans la *première variété*, les orbes sont des globules irréguliers de 10ᵐᵐ à 15ᵐᵐ de diamètre, souvent presque jointifs ou se pénétrant même légèrement, et dans lesquels l'Anorthite est orientée d'une façon quelconque. L'intervalle entre ces orbes est rempli par de l'Actinote.

Les orbes de la *deuxième variété* ont de 50ᵐᵐ à 80ᵐᵐ de diamètre et sont plus réguliers. L'Anorthite de leur noyau manque d'orientation comme dans la première variété, mais elle est entourée d'une couronne de même substance, disposée radialement avec une régularité d'autant plus grande qu'on considère une partie plus voisine de sa périphérie.

La *troisième variété* est la plus complexe, car l'Amphibole entre dans la composition du noyau, au même titre que l'Anorthite, selon une loi déterminée.

Dans le noyau, en effet, on observe trois zones :

a) — Une zone centrale identique au magma enveloppant.

b) — Une zone moyenne comprenant une partie inté-
rieure formée de feldspath disposé radialement et une partie
extérieure où l'Amphibole s'oriente tangentiellement.

c) — Une couronne externe où la séparation du feldspath et de l'Amphibole s'accentue.

Des zones concentriques d'Anorthite, en cristaux allongés
dans le sens du rayon, y alternent avec de minces zones char-
gées d'Amphibole et orientées tangentiellement. Le plus souvent, autour de la zone *b*, se développe d'abord une couronne
feldspathique à la périphérie de laquelle apparaît une succession de fins liserés verdâtres, d'ordinaire discontinus, où
l'Amphibole domine. Viennent ensuite 2 ou 3 cercles continus
où l'Amphibole se condense davantage ; enfin la couronne se
termine par une zone exclusivement feldspathique au delà de
laquelle s'étend le magma très peu homogène, qui offre la
plus grande ressemblance avec celui de la partie centrale du
noyau.

IV. — MICROGRANULITES ET PORPHYRES

Gisements, Nappes et Filons. — Ces roches qui existent sur
toute l'étendue de la surface granitique de l'île, sont surtout
concentrées dans la région Nord-Occidentale (Galeria-Giro-
lata-Porto). Elles sont connues en filons et plus rarement en
nappes d'épanchement. On doit observer d'ailleurs que tandis que le premier mode est spécial aux Microgranulites
franches, le second caractérise les Porphyres, principalement
les plus pétrosiliceux. Les filons orientés O-30o-S, toujours
« d'une longueur et d'une continuité remarquables » sont
souvent rassemblés en nombre infini sur des aires très éten-

dues. En raison de leur inaltérabilité supérieure à celle du Granite ils restent en saillie à la surface de celui-ci.

Age des Microgranulites et des Porphyres. — Au point de vue de l'âge, on peut dire que si les Microgranulites et certains Porphyres ont recoupé seulement les schistes argileux sur lesquelles reposent les couches incontestablement carbonifères, les Porphyres pétrosiliceux, surtout les Orthophyres venus les derniers, ont au contraire pénétré dans les grès et les schistes supérieurs de la formation anthraciteuse, quand ils ne les ont pas traversés.

Série des Microgranulites et des Porphyres. **Types de passage.** — Dans la série qui s'étend des Microgranulites aux Porphyres pétrosiliceux, les considérations pétrographiques conduisent à distinguer plusieurs types entre lesquels existent de nombreux passages :

La *Microgranulite normale* comporte comme éléments du premier temps de consolidation du Zircon, de l'Apatite, du Sphène, de la Biotite, de l'Amphibole, ces deux derniers minéraux presque toujours décomposés, des feldspaths Oligoclase, Anorthose, Microcline, Orthose, la plupart du temps roses, et du Quartz corrodé. Ces cristaux anciens sont noyés dans une pâte Microgranulitique de Quartz et d'Orthose.

La Microgranulite normale devient du *Porphyre quartzifère,* d'ailleurs toujours rare en Corse, quand la pâte devient irrésoluble au microscope, c'est à dire cryptocristalline.

Au lieu d'arriver à une pareille réduction dans la dimension des éléments, la pâte a subi parfois une cristallisation du Quartz et du Feldspath qui y entrent comme éléments: la roche résultante est alors une *Microgranulite micropegmatique* ou *globulaire* très abondante en Corse.

Enfin, si la cristallisation des éléments de la pâte atteint un degré de plus, les parties quartzeuses affectent la forme de globules irrésolubles au microscope, et s'éteignant par quadrants ou offrant le phénomène de la croix noire : le *Porphyre globulaire* est alors réalisé.

Les types ci-dessus sont reliés pas des formes de passage nombreuses qui s'intercalent, soit entre les Microgranulites normales et les Micropegmatiques, soit entre les premières de ces roches et les Porphyres quartzifères, soit enfin entre les Microgranulites micropegmatiques et les Porphyres globulaires. Les quatre premiers types de la série peuvent donc en réalité être considérés comme des facies différents d'une seule et même roche qui aurait pris une texture spéciale à mesure que variaient les circonstances locales qui présidaient à son épanchement. Quant à leur âge relatif, il est difficile à fixer, mais on est fondé à croire que leur venue a pu se produire parallèlement à des époques distinctes.

Les *Porphyres pétrosiliceux,* terme extrême de la longue série qui commence avec les Microgranulites, sont aussi les plus récents (Carbonifères et post-carbonifères). On peut y voir des Porphyres à globules atrophiés dont la pâte consiste en traînées de matière pétrosiliceuse (1), accusant une fluidalité plus grande combinée avec un refroidissement plus rapide que dans les types antérieurement cités. L'aspect bréchiforme qu'ils revêtent souvent, tient à la présence au sein de leur masse de morceaux anguleux de Porphyres du même groupe ou de Porphyres quartzifères. Leurs couleurs extrêmement variées sont : le bleu sombre, le violet, le rouge et le vert. Fréquemment aussi ils se rubanent en grand.

Aux Porphyres globulaires et pétrosiliceux se rattachent, par des caractères minéralogiques et pétrographiques, des *Pyromérides* affectant des formes extérieures d'ensemble sphéroïdales. Les globules irréguliers, mais plus souvent sphériques, atteignent jusqu'à 10 à 12 centimètres de diamètre et

---

(1) On donne le nom de Pétrosilex à une matière qui offre la composition d'un feldspath sursaturé de Silice et qui se présente comme un mélange de matière amorphe et de parties confusément cristallisées, s'étendant en traînées nuageuses.

sont alors parfois vides au centre. Ils se montrent formés de globules élémentaires composés eux-mêmes d'un cristal d'Orthose ancien entouré de globules pétrosiliceux qu'enveloppe une concrétion calcédonieuse. Le ciment empâtant les globules est pétrosiliceux.

L'Orthophyre, type porphyroïde des Syénites, remarquable par la présence de cristaux d'orthose dans une pâte cryptocristalline, appartient en Corse à la variété micacée, mais la Biotite y est toujours décomposée. Cette roche, ainsi qu'une autre très voisine considérée comme un tuf d'Orthophyre, n'est connue que dans le Carboniférien d'Osani qu'elle a traversé.

V. — PORPHYRITES

Mode d'épanchement. Age. — Les *Porphyrites,* toujours filoniennes, recoupent le Granite, la Granulite et, en certains endroits, les Porphyres pétrosiliceux. Cependant toutes ne semblent pas postérieures à ces dernières roches ; il est même probable qu'il y a eu plusieurs venues de Porphyrites dont les unes seraient plus anciennes, les autres plus récentes que les Porphyres pétrosiliceux. La variation constatée dans la composition de la pâte des Porphyrites, apporte d'ailleurs un argument en faveur de l'opinion selon laquelle la récurrence de ces roches à diverses périodes, serait très vraisemblable.

Variétés andésitiques et labradoriques. — Les Porphyrites de la Corse accusent dans leur pâte une fluidalité assez marquée. Tantôt la prédominance de l'Oligoclase, tantôt celle du Labrador y donnent naissance à des variétés, andésitiques dans le premier cas, labradoriques dans le deuxième. Ces dernières se rapprochent de certaines *Diabases* qui passent souvent, comme on le verra, à des *variétés porphyriques*, mais elles diffèrent de ces roches par ce caractère que le Pyroxène s'y trouve en microlithes au lieu d'y être en cristaux moulant les feldspaths.

Types divers de Porphyrites. — Les types les plus communs en Corse sont : les *Porphyrites augitiques et amphiboliques* ou simplement *amphiboliques*, et l'on ne connaît encore qu'un seul exemple d'une *Porphyrite micacée et augitique*, interstratifiée dans les schistes sériciteux de la région du Nord-Est.

VI. — ROCHES SERPENTINEUSES ANCIENNES

Ces roches, dérivées de *Péridotites* très voisines des Lherzolites, sont en général profondément altérées. Elles se sont épanchées à travers les schistes sériciteux et amphiboliques qu'elles ont modifiés au point qu'il y a intérêt, comme l'a montré M. Nention, à ne pas séparer leur étude de celle des formations sédimentaires auxquelles elles sont étroitement liées.

VII. — EUPHOTIDES

Les *Euphotides* de la Corse, très analogues à celles des Alpes, sont comme les serpentines anciennes en relation intime avec les Schistes Cristallophylliens. Elles seront donc également examinées en détail dans l'article consacré à l'étude de ces phyllades.

VIII. — DIABASES ET GABBROS ÉOCÈNES

Mode d'épanchement. Filons et Masses. — Ces roches qui existent en filons sur presque toute la surface de l'île, ne forment de grandes masses que dans la dépression qui sépare la région granitique de l'Ouest de la région schisteuse de l'Est. La présence des Diabases, associées à des Serpentines, se traduit à l'extérieur par l'aspect stérile et dénudé du terrain. Un pareil résultat tient à ce que ces roches difficilement délitables, ne se décomposent à leur surface, sous l'influence des agents atmosphériques, qu'en une mince couche rougeâtre surchargée de magnésie et par conséquent impropre à la végétation.

Action métamorphique des Diabases. Gîtes minéraux à leur contact. — La venue des Diabases et des roches vertes serpentineuses qui leur sont associées, a été en général accompagnée d'une production de minerais de cuivre (Chalcopyrite, Pyrite de fer, Cuivre gris), exceptionnellement cantonnés dans la Diabase, déjà plus fréquents dans la Serpentine, mais surtout répandus dans les schistes encaissants et à petite distance du contact. Le gisement de Vezzani, malgré des différences, ne semble pas faire exception à cette règle. Les roches vertes n'affleurent pas, il est vrai, au voisinage de la mine, mais celle-ci se trouve sur le prolongement d'une grande bande éruptive qui, selon toute vraisemblance, se maintient à une faible profondeur au dessous des galeries.

Les Diabases et Serpentines ont exercé une action métamorphique sur les roches qu'elles ont traversées et, en particulier, sur les schistes éocènes. L'altération se manifeste sous la forme d'une rubéfaction visible sur une épaisseur de quelques mètres à partir du contact. Par une sorte « d'effet réflexe, » les Serpentines voisines de ce contact et contenant des fragments de schistes empâtés dans leur masse, se colorent à leur tour en rouge comme les roches encaissantes.

Age éocène des Diabases. — L'âge des Diabases est facile à fixer. Elles ont traversé les calcaires et les schistes inférieurs du Nummulitique qu'elles ont fréquemment redressés, et sont, au contraire, partout recouvertes par les grès et poudingues qui couronnent cet étage. Elles sont donc Eocènes.

Variétés de Diabases. Structures macroscopique, microscopique, variolithique. — Ainsi qu'il a été exposé précédemment, les Diabases et les roches serpentineuses qui les accompagnent, ont apparu, tantôt en masses, tantôt en filons, ce dernier mode de venue étant surtout localisé dans les régions Ouest et Sud-Ouest de la Corse. Or, il est à noter que la structure et la texture de la roche sont en corrélation étroite avec la nature du gisement. Dans les masses, en effet, les variétés macroscopiques à texture granitique l'emportent de beaucoup en nombre ; dans les filons, au contraire, les variétés microscopiques à structure ophitique sont la règle.

Au point de vue minéralogique, les Diabases macroscopiques se distinguent des microscopiques par leur Pyroxène qui est du Diallage ou même de la Bronzite, au lieu d'être de l'Augite. Les types diabasiques massifs seraient donc des Gabbros (roche à diallage) ou des Norites (roche à pyroxène rhombique), tandis que les types filoniens seraient des Diabases ophitiques (roches à augite).

Les textures variolithique et amygdalaire apparaissent parfois comme faciès de contact dans les Diabases filoniennes, dans la vallée de la Navaccia, par exemple. Les amygdales sont alors constituées par de la Calcite.

L'examen des échantillons de roches diabasiques recueillies en Corse, a montré que les minéraux primordiaux qu'elles pouvaient contenir étaient : Fer titané, Sphène, Pyrite,

Anorthite, Labrador, Augite, Diallage ; les minéraux secondaires ou d'altération : Chlorite, Épidote, Zoisite, Calcite et produits serpentineux. En outre, on y note beaucoup de minéraux accidentels.

La présence ou l'absence du Péridot olivine a conduit à répartir les roches diabasiques de la Corse en deux groupes de premier ordre :

1°. — ROCHES A OLIVINE.

Ces roches se distinguent aisément de celles qui ne contiennent pas d'Olivine parce que ce minéral, attaqué par l'eau chargée d'acide carbonique, se transforme en un produit serpentineux verdâtre qui finit même par être enlevé en laissant des alvéoles vides.

A) — *Norites et Gabbros du type massif.*

Ces roches sont essentiellement composées de très gros cristaux d'Olivine, d'Anorthite et de Bronzite. Ce dernier minéral, très inégalement réparti, moule ophitiquement les autres éléments, ce qui est une exception dans les roches de profondeur. Parfois, la Bronzite disparaissant, la roche n'est plus qu'un agrégat d'Olivine et d'Anorthite, enfin, dans certaines d'entre elles, l'Olivine devient rare.

B) — *Diabase à Olivine du type filonien.*

Ce genre de Diabase semble le facies filonien des roches précédentes. Les principaux minéraux qui la composent sont : l'Olivine plus ou moins altérée, l'Anorthite en grands cristaux donnant à la roche un aspect porphyroïde, de grands microlithes de Labrador et de larges plages de Pyroxène.

2º. — Roches sans Olivine.

A) — Norites et Gabbros anorthiques du type massif.

Ces roches macroscopiques contiennent des feldspaths très altérés qui semblent le plus souvent de l'Anorthite, de la Bronzite (Norites) ou du Diallage (Gabbros) et d'autres minéraux. Aux Gabbros de ce groupe se rattache une *Epidotite* à texture grenue, pauvre en feldspath et dont la masse est formée de Zoïsite provenant de l'altération du Diallage.

B) — Diabase labradorique.

Cette roche établit un passage des Gabbros précédents aux Diabases franches, par la substitution presque totale de l'Augite au Diallage et du Labrador à l'Anorthite.

C) — Diabases à facies filonien.

Ces Diabases se rattachent probalement à la même venue que les roches à Olivine examinées précédemment. Les éléments normaux sont le fer titané, le Sphène, l'Augite, le Labrador et, dans un échantillon, l'Anorthite en microlithes ; les produits verdâtres d'altération sont nombreux, la texture ophitique fréquente.

Enfin, certaines Diabases forment des termes de passage soit aux *Porphyrites labradoriques à Pyroxène,* par une modification de la texture qui devient microlithique pour le labrador comme pour l'augite, soit même aux *Porphyrites amphiboliques* quand la roche contient de l'Amphibole dont une partie semble primordiale. Dans ce dernier type la texture est fréquemment porphyrique, en raison de la présence de grands cristaux de Plagioclase dans la pâte.

SÉRIE EXOGÈNE

Généralités

Dans l'état actuel de la science on admet que les forma-tions ne tirant pas directement leur origine de la masse in-terne du globe, se répartissent en deux grandes catégories : le groupe des *terrains cristallophylliens* ou *archéens ;* le groupe des *terrains sédimentaires.*

Au premier appartiennent d'abord le produit de la solidifi-cation par refroidissement des couches superficielles en fusion du globe primitif. Ce produit, remanié immédiatement par une mer à haute température chargée de substances chimi-quement actives (chlorures, sulfates), l'était encore par l'in-tervention répétée du magma liquide sous-jacent agissant par injection et métamorphisme. Toutes ces actions réunies ont donné naissance à une écorce à la fois *cristalline et strati-forme,* sorte de *formation mixte* résultant d'une lutte entre l'élément interne et la sédimentation proprement dite. Cette dernière, autant chimique que mécanique au début, a ac-centué progressivement ses caractères mécaniques qui ont fini par l'emporter dans les parties les plus récentes de la formation (1).

---

(1) De Lapparent,, *Traité de Géologie,* 4⁰ édition, 1900. — *Terrain ar-chéen.* p. 731.

Aux fragments ayant fait partie de la croûte primitive, s'ajoutent des sédiments d'âge souvent très postérieur, auxquels un métamorphisme intense a fait perdre toute trace de leur état initial pour les transformer en assises cristallines et stratiformes absolument identiques aux roches cristallophylliennes qui viennent d'être citées. Reconnaître l'origine des terrains archéens dans un lieu déterminé reste, aujourd'hui encore à cause de cette similitude, un des plus délicats problèmes de la géologie. C'est pourquoi le terme *Archéen* devra être interprété toujours comme indiquant plutôt un *facies* qu'un âge déterminé.

Quoiqu'il en soit, l'*Archéen,* entièrement privé de débris organisés, comporte presque partout comme roches constituantes :

Des *Gneiss,* c'est à dire : un agrégat à texture rubanée, possédant les éléments fondamentaux du Granite, mais se distinguant surtout de cette roche par le parallélisme des lamelles de Mica et pár l'allongement des grains de Quartz qui affectent une forme lenticulaire. Dans ses parties profondes, le Gneiss se rapproche du reste davantage du Granite, il devient *granitoïde.*

Des *Micaschistes,* dans la composition desquels entrent presqu'exclusivement du Quartz lenticulaire et du Mica biotite. Ces micaschistes s'associent souvent à des *Amphibolites* (schistes à amphibole) et à des calcaires micacés, talcifères ou chloriteux dits: *Cipolins.* Enfin, on note parfois la présence de *Schistes à séricite* et de *Schistes satinés* avec lesquels certains Phyllades sédimentaires anciens présenteront d'assez grandes analogies.

Dans le second groupe de la série exogène prennent place les sédiments qui se sont déposés au sein des eaux ou par leur intermédiaire, d'abord sur l'écorce primitive, puis, suc-

cessivement, sur des assises de date plus récente ou sur un
substratum de roches endogènes. Ces sédiments ont été parfois métamorphisés au point de devenir cristallophylliens et
de revêtir le facies archéen ; cependant, dans ce dernier cas,
on y retrouve presque toujours des indices de leur premier
état.

Quand ils n'ont pas été métamorphisés, les sédiments ré-
pondent à différents types qui sont les suivants :

1º Les *formations détritiques*, dites encore *clastiques*,
auxquelles les éléments ont été fournis par l'action destruc-
tive que les vagues, les eaux courantes ou les agents atmosphériques ont exercée sur les roches préexistantes. Tels sont
les dépôts arénacés meubles ou agglutinés (sables ou grès),
les argiles et les schistes.

2º Les *dépôts chimiques* à caractère plutôt concrétionné
que sédimentaire, comme les travertins, les tufs, le gypse.

3º Les *dépôts organiques* englobant : les calcaires, les
calcaires magnésiens ou dolomies souvent cloisonnées et prenant alors le nom de cargneules, enfin les combustibles minéraux (anthracite, houille, lignite, etc.).

Les groupes *Primaire*, *Secondaire*, *Tertiaire* et *Quaternaire*, entre lesquels a été partagée la totalité des sédiments
connus, entrent, quoiqu'en proportion très inégale, dans la
composition du sol de la Corse.

Les *terrains primaires*, dans lesquels on est convenu de
ranger la masse des Phyllades cristallophylliens de la région
du Nord-Est, couvrent la surface la plus étendue (1,450 kmq
environ), et leur épaisseur ne semble pas inférieure à 850^m.
Outre les schistes sériciteux et amphiboliques, dont il vient
d'être fait mention, ils comprennent dans le Nord-Ouest de
l'île des couches plus récentes : calcaires, schisteuses, gréseu-
ses et houillères.

Les *terrains secondaires*, les plus réduits parmi toutes les
formations sédimentaires de la Corse, sont essentiellement

calcaires bien qu'on y constate cependant la présence de quelques dolomies, schistes et grès. La surface sur laquelle ils affleurent n'excède pas 40 kmq et leur puissance 150 mètres. On ne les connaît que dans la région centrale autour de Corte, dans le Nebbio et sur quelques points isolés de la côte orientale.

Après les terrains primaires *les tertiaires* sont les plus développés. Calcaires, schisteux et gréseux dans leur partie inférieure, ils deviennent exclusivement calcaires dans leur partie moyenne et sableux dans leurs assises supérieures.

Ils s'étendent sur plus de 1,000 kmq et sont épais de 500 mètres environ,

Quant aux *sédiments quaternaires*, de puissance très inégale, ils occupent une superficie de près de 80 kmq qui se double si on y adjoint celle des terrains de formation récente. Ce sont surtout des dépôts meubles, argileux ou sableux avec intercalations de cailloux plus ou moins roulés, mais on y compte aussi des poudingues, des brèches et des tufs.

TERRAIN ARCHÉEN

Des différents types que peuvent réaliser les formations archéennes, le *Gneiss* et exceptionnellement le *Micaschiste* sont en Corse les seuls sur l'âge desquels il soit actuellement impossible d'émettre une hypothèse. Correspondent-ils à d:s lambeaux de la croûte primitive du globe ou ne sont-ils que des sédiments anciens complètement transformés par métamorphisme, ce sont là des questions que les conditions de gisement de ces roches mixtes ne permettent pas encore de résoudre.

Au contraire, au dessus des Micaschistes, des Phyllades qui sous l'influence d'actions métamorphiques généralisées ont pris à leur tour la structure cristallophyllienne, paraissent, ainsi qu'il ressort de la comparaison avec les régions voisines, être synchroniques du plus ancien étage sédimentaire, du Précambrien, dans lequel des transformations de cette nature sont encore assez fréquentes. Ces Phyllades de type archéen doivent donc en réalité prendre rang, malgré leurs caractères cristallins, à la base des terrains de sédiment.

GNEISS ET MICASCHISTES

Gisements des Gneiss. Disposition en auréoles. Micaschistes. — Les *Gneiss* sont répandus sur toute la surface occupée par les formations éruptives anciennes.

La bande la plus importante, née à l'embouchure du Regino, traverse la Balagne sensiblement du Nord au Sud, pour venir mourir en pointe près de Corscia, dans le bas Niolo. Sur son prolongement, et ne lui étant reliée que par des affleurements réduits et isolés, se voit une autre bande, entre les bains de Guitera et Zicavo. Une troisième zone borde la côte orientale, de la marine de Manichino à l'estuaire du Travo, puis, après une interruption, constitue la pointe de Chiappa, au Sud de la baie de Porto-Vecchio. Enfin, le long de la côte occidentale, des formations gneissiques s'observent à l'Argentella, à Cargese et dans les monts voisins de la Parata, à l'Ouest d'Ajaccio.

Les Gneiss, toujours en contact avec le Granite, sont recouverts par les schistes précambriens à l'Argentella et dans la vallée de l'Asco, par un lambeau de calcaire liasique dans le voisinage du Monte Santo, au Nord-Ouest de Favone, par l'Eocène nummulitique dans cette même région sud-orientale ainsi qu'en Balagne.

Leur composition est assez variable, comme on le verra, mais ils n'en présentent pas moins, quel que soit le gisement considéré, une ressemblance qui trahit une communauté d'origine.

Quand les Gneiss s'étendent en bandes importantes, ils affectent autour des massifs granitiques et granulitiques la disposition en *auréoles* de schistosité croissante du centre à la périphérie, où l'on observe tous les passages du Granite ou de la Protogyne aux Gneiss les plus schisteux. Le dernier terme de la roche feuilletée peut alors devenir un véritable *Micaschiste,* comme cela a lieu près de Zicavo.

Hypothèse sur l'origine de la schistosité de certains Gneiss en Corse. — La schistosité des Gneiss semble avoir eu pour cause, dans certaines circonstances, un laminage énergique, et l'on s'explique qu'elle soit plus accusée à la périphérie des auréoles qu'à leur partie interne, si l'on assimile, comme l'a proposé M. Nentien, le mode d'écoulement de la pâte gneissique à celui d'un liquide dense dans un tuyau. Dans ce cas, en effet, on sait que, sous l'effort d'une poussée centrale, la masse liquide est entraînée avec un retard d'autant plus grand qu'il s'agit d'une partie plus éloignée de l'axe du tuyau ; si donc à ce liquide on substitue une pâte dont la cristallisation se trouve déjà plus avancée sur les bords exposés davantage au refroidissement, on concevra que la gneissicité ira en croissant du centre à la périphérie des auréoles, sans faire défaut nulle part.

Incertitude sur l'âge des Gneiss. — Les Gneiss et les Micaschistes ayant été recoupés par les mêmes roches éruptives que le Granite, leur âge ne peut être mieux spécifié que celui du Granite lui-même ; cependant, si l'on accepte la théorie émise plus haut, les variétés offrant le type de laminage se-

raient du même âge que les massifs auxquels elles servent
d'auréoles.

Différents types de Gneiss. — Les variations dans la structure et la composition des Gneiss sont assez sensibles, en
Corse, d'un gisement à l'autre. On y distingue comme types
principaux :

1° — *Gneiss micacé.*

Ce Gneiss, quoique renfermant presque toujours des cristaux d'Amphibole, comme d'ailleurs cela a lieu souvent dans
le Granite auquel il est superposé, ne contient cependant
que par exception des enclaves amphiboliques interstratifiées
dans sa masse. A sa partie supérieure les lits alternatifs de
Mica et de Quartz se multiplient au point que la roche tend
vers le Micaschiste. Ce dernier type est réalisé près de Zicavo
où il apparaît comme le dernier terme de Gneiss devenus
très rubanés grâce à la présence d'innombrables filets calcé-
donieux.

Les Gneiss de la Balagne sont recoupés par des filons de
Granulite, mais surtout de Microgranulite et de Porphyre pétrosiliceux aussi nombreux que dans les massifs granitiques
voisins. Au contraire, les Diabases ophitiques et les Porphyrites y sont plus rares que dans le Granite. M. Nentien
émet à ce sujet cette hypothèse : qu'un pareil résultat pourrait être dû à ce que dans le Gneiss les cassures étant moins
nettes que dans le Granite, les filons des roches diabasiques
et porphyritiques se sont anastomosés dans la profondeur, et
ne sont pas arrivés jusqu'à la surface. Dans les Gneiss de
Favone, la Granulite appartient à des apophyses projetées par
un massif de cette roche qui borde à l'Ouest la bande gneissique.

2º — *Gneiss amphibolique.*

Le Gneiss de la Corse contient, comme il a été dit, presque toujours de l'Amphibole. Quand il est franchement amphibolique il est distribué ordinairement en masses, mais il s'intercale aussi dans les parties micacées où il arrive même à constituer de véritables *Amphibolites* (Balagne).

Les variétés les plus amphiboliques sont celles de la côte occidentale qu'ont percées tantôt la Granulite, tantôt la Microgranulite.

3º — *Gneiss pyroxénique à bronzite.*

Ce Gneiss, qui n'a encore été découvert qu'en un seul point, est caractérisé par la présence de la Bronzite ; l'Hypersthène y existe aussi ; tous les feldspaths y sont altérés et indéterminables et le Quartz fait défaut.

MICASCHISTE A MINÉRAUX.

Le Micaschiste de Zicavo semble provenir d'une modification progressive des Gneiss très rubanés auxquels il se lie inférieurement. Par son aspect, aussi bien que par l'abondance des minéraux de métamorphisme qui y sont inclus, il mérite d'être assimilé au Micaschiste des Maures en Provence.

On y a observé de la Magnétite, du Sphène, des lits minces de Séricité, de Mica non altéré et de Quartz. Le Mica blanc et les feldspaths y sont rares ; le Grenat, la Staurotide et surtout la Tourmaline, fréquents.

Ces Micaschistes ont été recoupés par la Microgranulite.

GROUPE PRIMAIRE

Si les terrains primaires entrent pour une part considérable dans les formations constitutives du sol corse, il s'en faut pourtant qu'on soit fixé sur l'âge qu'il convient d'assigner à chacune des grandes divisions qu'on est parvenu à établir dans ce premier groupe sédimentaire.

A la base, une masse de *Phyllades séricileux et amphiboliques,* toujours azoïques, *possèdent un facies archéen très net.* Dans l'échelle stratigraphique ils semblent presque certainement tenir la place des dépôts *précumbriens,* et c'est pour ce motif, qu'ils seront examinés avec la série sédimentaire proprement dite, au lieu de l'être avec les terrains archéens d'âge indéterminé (Gneiss et Micaschistes).

Le *Silurien* paraît absent, à moins qu'on ne lui attribue des schistes verdâtres ou lie de vin, dont les relations avec les autres assises n'ont pas été mises en évidence (1). On n'a pas d'opinion beaucoup plus arrêtée sur la présence du *Dévonien* auquel on a cru quelquefois devoir rapporter des schistes luisants, noirâtres, sans fossiles, inférieurs au calcaire marin du Capitello et qui pourraient peut-être, comme lui, appartenir au Carboniférien. Les assises qu'on a classées dans ce dernier système, renferment des débris animaux et végétaux suffisamment reconnaissables pour qu'il ne subsiste pas de doute sur la justesse des déterminations dont ils ont été l'objet.

Sur le *Permien* les données sont extrêmement vagues. Faut-

(1) Par exemple sur la route de Ghisonaccia à Ghisoni par l'Insecca.

il y comprendre les poudingues supérieurs au houiller de la région nord-occidentale, puis aussi des schistes bariolés subordonnés à des calcaires souvent dolomitiques que l'on croit triasiques. A défaut de preuves paléontologiqnes, cette question de la présence du Permien reste très controversée ; c'est pourquoi M. Nentien a cru préférable d'englober sous le nom de Permo-Trias toutes les assises supérieures au Carboniférien et inférieures au Lias, jusqu'à ce que de nouvelles recherches permettent de distinguer la part qui revient dans cet ensemble au dernier des terrains primaires et au premier des secondaires.

Le tableau ci-dessous résume l'exposé qui vient d'être fait des relations stratigraphiques des terrains primaires de la Corse.

Permien ?	Manque ou est représenté par des Poudingues, Schistes bariolés, Grès.
Carboniférien	Supérieur. — Schistes, grès et houille, calcaire marin. Moyen. . — manque. Inférieur. — manque.
Dévonien ?	Manque ou est représenté par des Schistes luisants quartzeux.
Silurien ?	Manque ou est représenté par des Phyllades verts et rouges.
Précambrien	Phyllades cristallophylliens (Schistes sériciteux et amphiboliques).

PRÉCAMBRIEN

Divisions générales. — Dans la partie nord-orientale de la Corse, les terrains phylladiques à cristallinité très prononcée, toujours sans fossiles, comportent de la base au sommet :

A). — *Des Schistes ou Phyllades sériciteux et chloriteux.*
B). — *Des Schistes ou Phyllades amphiboliques avec lentilles de quartzites.*

En outre, à la partie moyenne de l'ensemble de ces deux formations apparaissent un ou deux niveaux importants de *Calcaires cipolins.*

Caractères extérieurs. Puissance. Age. — L'aspect extérieur d'une région déterminée traduit, en général, d'une façon très sensible, la part que prend à la constitution du sol l'une ou l'autre des variétés de Phyllades mentionnés ci-dessus. Tandis que les parties sériciteuses, facilement altérables, donnent naissance à des mouvements de terrain arrondis, à pente relativement douce, fertiles ou couverts de végétation, les parties amphiboliques, au contraire, plus dures, conservent des arêtes tranchantes, des versants abrupts, stériles ou même dénudés.

La puissance minima de la masse des Phyllades paraît voisine de 600 mètres.

L'âge des schistes cristallophylliens n'a pu être précisé à l'aide des observations faites en Corse même. En effet, d'une part, on n'a pu voir avec certitude sur quel terrain ils reposent, et, d'autre part, quoiqu'ils soient inférieurs à tous les terrains sédimentaires de l'île, il n'en est pas moins vrai que les sédiments les plus anciens sous lesquels ils plongent n'ont été rapportés *qu'avec doute* au Carboniférien.

Cependant, par analogie avec ce qui existe dans les îles toscanes et en Sardaigne, où des assises cristallophylliennes, identiques à celles de la Corse, sont recouvertes par des couches siluriennes, on peut provisoirement admettre : que les Phyllades de la région du Nord-Est, représentent, non pas un reste de la primitive écorce, mais les dépôts sédimentaires antérieurs au Silurien, c'est-à-dire *Précambriens*, profondément métamorphisés, et ayant pris, dans leur aspect comme dans leur structure, les caractères des formations archéennes.

Relations avec les terrains plus anciens. — Aux points où la base des schistes sériciteux n'est pas masquée par des dépôts plus récents, on constate leur passage insensible à des Gneiss sous-jacents. Comme le démontre M. Nentien, il ne faut voir dans cette zone de passage que le contact des Schistes avec la Protogyne et les Gneiss de laminage qui l'entourent, car, la venue de cette Protogyne est *postérieure* à la formation des Phyllades, toujours redressés à son contact et remplis à leur base de minéraux de métamorphisme.

Schistes sériciteux et chloriteux. — Les couches riches en Séricite et en Chlorite, qui prédominent à la partie inférieure des Schistes cristallophylliens, ne sont pas absolument exemptes d'intercalations d'Amphibolites mais ces roches y sont assez rares. Ce qui y abonde, au contraire, ce sont des filonnets de Quartz et d'Albite, produits des fumerolles qui ont accompagné la venue de la Protogyne. De plus, ces schistes sériciteux ont été certainement influencés par les phénomènes de plissements concomitants de la sortie des Péridotites et autres roches magnésiennes.

Au point de vue minéralogique, les Phyllades inférieurs se montrent composés de lits de Quartz avec Albite alternant avec d'autres lits plus minces de Séricite avec Chlorite. D'ordinaire, le Quartz domine dans les premiers, la Séricite dans les seconds, quoique des exceptions à cette règle s'observent parfois. Enfin, des filets interstratifiés de Calcite sont nombreux dans ces Schistes où les produits ferrugineux ainsi que l'Epidote sont également représentés.

L'épaisseur des Schistes sériciteux, très variable d'un point à l'autre, ne paraît pas dépasser 400 mètres.

Calcaires cipolins. — Les *calcaires cipolins* qui se tiennent à la partie moyenne des Phyllades cristallophylliens, se réduisent en général à un seul banc lenticulaire très épais. Ils se dédoublent pourtant quelquefois en deux niveaux superposés, de puissance et d'étendue très inégales, faisant saillie sur le sol en escarpements caractéristiques (par exemple au Mont Merizatodio, en face du Cap Sagro). La zone dans laquelle s'intercalent les Cipolins n'est pas absolument fixe ; elle coïncide, tantôt avec la partie supérieure des Schistes sériciteux, tantôt avec la partie inférieure des schistes amphiboliques et peut ainsi varier de position sur une hauteur verticale de 50 à 200 mètres (1).

En tout cas, malgré leur différence de composition, Schistes sériciteux, Cipolins et Schistes amphiboliques doivent être regardés comme une formation unique offrant plusieurs facies distincts. Pour les deux derniers termes, en particulier, leur association constante est un fait, indiscutable aujourd'hui, qui révèle une commune origine.

Schistes amphiboliques. — Les Schistes amphiboliques renferment, en nombre de points, des lentilles de Quartzites. C'est cette masse supérieure, de 100 à 300 mètres de puissance, qui, de concert avec les Serpentines et les Euphotides,

---

(1) Il y a en réalité de nombreuses lentilles de cipolins dans les Schistes sériciteux au dessous du niveau principal ; mais elles sont toujours de faible dimension. Ce fait est très net tout autour de Bastia.

produit les escarpements terminaux des chaînes de montagnes schisteuses de la Corse orientale.

La composition minéralogique des Phyllades amphiboliques est beaucoup moins uniforme que celle des Phyllades
sériciteux. Outre l'Epidote et la Zoïzite, qui y existent
presque toujours, on y trouve les différentes Amphiboles,
des produits ferrugineux, du Rutile, du Grenat, de la Séricite ; par contre il n'est pas rare que le Quartz, concentré
dans les Quartzites, fasse complètement défaut dans les parties schisteuses.

L'Albite, fréquente aussi dans ces Phyllades, est intéressante en raison de son mode de répartition dans la roche à
laquelle, par ses noyaux verts et spongieux, elle donne l'aspect
de Schistes mâclifères. Son origine est secondaire puisqu'elle
contient des inclusions de la plupart des autres minéraux qui
l'accompagnent, mais on ne saurait préciser d'une façon absolue les circonstances de sa production. Selon la plus grande
probabilité, elle a pris naissance lors de la venue des roches
basiques « Péridotites et Euphotides », qui auraient exercé
une action de métamorphisme analogue à celle de la Lherzolite dans les Pyrénées. On pourrait aussi, mais avec plus de
doute, rapporter l'origine du feldspath glandulaire à la présence des innombrables filons de Quartz et d'Albite, signalés
déjà dans la masse des Phyllades, et à l'action des fumerolles
acides, inséparables de la venue des Protogynes.

Les principaux types de roches qui entrent dans la composition de la masse des Phyllades cristallophylliens, ont été
rangés par M. Nentien dans les catégories suivantes :

I. — *Schistes séJriciteux et chloriteux.*

II. — *Schistes amphiboliques.*

1º Roches ne renfermant qu'accidentellement de la

Glaucophane (1) et schistes à noyaux feldspathiques secondaires.

2º Schistes à Glaucophane ; Schistes glaucophaniques grenatifères et roches à lawsonite (2).

3º Quartzites à glaucophane ou riebeckite.

SERPENTINES ANCIENNES ET EUPHOTIDE

Bien que les *Serpentines* et les *Euphotides* qui ont pénétré dans les schistes précambriens ou les ont traversés, eussent dû prendre place dans le chapitre traitant des formations endogènes, il est plus logique, selon la méthode de M. Nentien, de ne pas disjoindre l'examen de ces roches de celui du terrain encaissant qu'elles ont profondément influencé.

Serpentines. — Les Serpentines associées aux schistes amphiboliques se divisent en deux groupes :

1º *Serpentines schisteuses,* en lentilles interstratifiées au milieu d'Amphibolites dont elles sont un produit d'altération. La Chlorite y domine souvent sur la Serpentine.

2º *Serpentines éruptives,* réparties, à l'inverse des précédentes, en gisements étendus. La *Péridotite* d'où dérivent ces Serpentines se rapproche des Lherzolites (3) pyrénéennes, quoique le fer chrômé y remplace la Picotite (4), que le Dial-

---

(1) La *Glaucophane* est une Amphibole sodifère très polychroïque.

(2) La *Lawsonite* est un Hydrosilicate d'Alumine avec Manganèse et Calcium, du groupe des Carpholites.

(3) La *Lherzolite* est un agrégat granitoïde de Bronzite, d'Olivine, de Diopside, de Picotite et souvent d'Amphibole.

(4) La *Picotite* est un oxyde d'alumine du genre Spinelle contenant du chrôme.

lage s'y substitue au Diopside et que la Bronzite l'emporte
sur l'Enstatite. C'est donc en somme un type assez spécial,
peu répandu hors de Corse, à classer entre les roches à Olivine avec Diallage et celles à Olivine avec Bronzite.

La serpentinisation de la Péridotite est la règle générale.
Commençant par l'Olivine, elle se continue par la Bronzite
pour finir par le Diallage. Dans certains endroits, on peut en
suivre la progression depuis le noyau éruptif resté intact,
jusqu'aux parties extérieures des coulées où l'altération a
envahi tous les éléments.

Au voisinage des Serpentines éruptives les schistes amphiboliques sont modifiés. Le contact est marqué, la plupart du
temps, par une auréole d'Asbeste ou d'Actinote, dont la présence s'explique par un enrichissement des phyllades en magnésie, sous l'influence des Péridotites très riches en éléments magnésiens.

Les Serpentines éruptives qui ont traversé les Schistes amphiboliques, abondent sur le versant occidental de la chaîne
du Cap-Corse où le pendage des couches s'effectue vers
l'Ouest, et surtout vers le Sud-Ouest. Plus au midi, les
épanchements de ces roches ophiolithiques se prolongent en
traînées qui dessinent vers le Sud d'abord, puis vers le Sud-
Est, un alignement grossièrement parallèle à celui des Diabases et des Serpentines, beaucoup plus puissantes, des temps
éocènes. De semblables apparences dònnent de la valeur à l'hypothèse d'après laquelle les roches ci-dessus auraient joué
un rôle important dans la tectonique de la région Nord-Est
de la Corse.

Parmi les échantillons de Serpentines éruptives recueillies
par M. Nentien, les plus remarquables sont: la Péridotite
du Monte Grosso contenant de minces filets d'Antigorite (1) ;
une Péridotite montrant, entre ses grands cristaux, des débris

---

(1) L'*Antigorite* est une variété de serpentine.

de Péridot et réalisant ainsi la structure dite en mortier fréquente dans la Lherzolite ; les Serpentines où les éléments de la Péridotite sont presque complètement serpentinisés, et dans lesquelles on observe des figures étoilées d'Antigorite remplissant les fissures primitives du Péridot.

Diallagites, Bronzitites, Norites albitiques. — Les Péridotites et Serpentines éruptives sont recoupées parfois (Monte Grosso au bout du Cap-Corse) par de minces filons de roches presqu'exclusivement formées de gros cristaux de Diallage et de Bronzite associés en quelques points à de l'Albite. Ces *Diallagites, Bronzitites* et *Norites albitiques* se rapprochent des Gabbros et des Norites éocènes par leur composition, mais s'en écartent notablement par leurs conditions de gisement.

Euphotide. Age probable. — L'*Euphotide* recouvre non seulement les Phyllades précambriens mais aussi les Serpentines qui traversent ceux-ci. Son âge reste toutefois incertain parce qu'en aucun endroit elle n'est recouverte par des masses éruptives ou sédimentaires permettant de préciser la limite supérieure de son apparition. En se fondant sur l'analogie de composition observée entre elle et l'Euphotide des Alpes cottiennes, on peut supposer avec assez de vraisemblance qu'elle est triasique, sans qu'il existe de preuve matérielle à l'appui de cette opinion.

L'Euphotide de Corse, presque toujours schisteuse, comprend des lamelles de Diallage et de Bronzite froissées par le laminage, ainsi que des cristaux de Sphène, le tout noyé dans une masse clastique de grains fins de Quartz, d'Epidote et de fragments de feldspath. Quand le Diallage se transforme en Smaragdite (1), associée à la Trémolite en fines aiguilles, la roche offre le type connu depuis longtemps dans les arts sous le nom de : *Vert de Corse* ou *Vert d'Orezza.*

_____

(1) La *Smaragdite* est une amphibole vert d'herbe.

Quelquefois l'Euphotide se remplit d'aiguilles blanches de Trémolite, dues à la transformation du Diallage, prend une teinte claire grisâtre en même temps que sa schistosité s'accroît ; plus rarement au contraire, comme au Monte Minervio, elle atteint un certain degré de compacité.

Au contact de l'Euphotide, les Schistes amphiboliques se montrent fréquemment imprégnés de cristaux d'Albite à contours arrondis, qui sont des produits de métamorphisme.

Porphyrite dans les Schistes cristallophylliens. — Outre les Serpentines et les Euphotides, on a signalé dans les phyllades cristallophylliens une *Porphyrite*, mais cette roche intercalée en nappe dans les Schistes sériciteux n'est encore connue que dans la carrière de Porraggia, à l'Ouest de la marine de Sisco. On ignore son âge.

DÉVONIEN (?)

Dans la contrée montagneuse du Nord-Ouest de la Corse où sont creusés les golfes de Galeria, de Girolata et de Porto, les Granites supportent par endroits des Schistes argileux, luisants, noirâtres ou gris, avec amandes quartzeuses et calcaires qui, en certains points, sont recouverts par des couches nettement Carbonifères. Actuellement encore, l'âge de ces Schistes sans fossiles n'a pu être déterminé. D'après leur position stratigraphique ils sembleraient devoir correspondre soit au Carbonifèrien inférieur, soit, mieux encore, au Dévonien supérieur.

Sur la carte Géologique du Ministère des Travaux publics au 1/320,000 (Nentien), ils ont été indiqués par la notation *dx*.

CARBONIFÉRIEN

Les parties du sol de la Corse appartenant au terrain carboniférien, occupent une faible étendue et se répartissent en plusieurs lambeaux isolés qui acquièrent leur plus complet développement dans le Nord-Ouest de l'île.

Daus la zone montagneuse qui entoure le golfe de Galeria, sur des schistes luisants, peut-être dévoniens, reposent des schistes noirs renfermant des bancs de calcaire gris fumée qui, en un point, le Capitello, contiennent des fossiles marins carboniférens. Non loin de cet endroit, au col de la Croix, des alternances de schistes et de calcaires correspondant probablement au niveau fossilifère qui vient d'être cité, sont subordonnées à des assises plus récentes. Celles-ci consistent en calcaires noirs schisteux et en schistes à empreintes de fougères, au-dessus desquels s'étendent des bancs de poudingues et de grès. C'est dans ces mêmes strates à végétaux qu'a été découverte près d'Osani une houille anthraciteuse, objet de tentatives d'exploitation entre le village et le golfe de Lignaggia, aux puits de Cardella, de l'Inferno, de Sperane et de Murato. L'anthracite y constitue, à la partie supérieure, des schistes noirs parsemés de lentilles de quartzites et de calcaires, un lit d'une épaisseur d'un mètre environ qui tend même à se dédoubler. La formation se termine par des grès tufacés, quartzeux, passant par places à un véritable poudingue. Comme on peut le remarquer, aucun affleurement des calcaires marins inférieurs n'a été relevé jusqu'ici dans le bassin minier ; les assises supérieures y apparaissent seules et prennent appui, sans intermédiaire, sur le Granite.

En somme, dans la région typique du Nord-Ouest, le Carbonifférien comporte de la base au sommet :

1º. Schistes luisants, dévoniens ou carbonifériens inférieurs ?

2º. Schistes noirs et calcaire gris fumée à fossiles marins.

3º. Schistes et calcaires noirs avec empreintes de plantes terrestres.

4º. Grès et Poudingues.

Toute cette succession a été très bouleversée par des venues répétées de roches endogènes qui interrompent les divers niveaux, empêchent de les suivre à distance et, en dernier terme, compliquent singulièrement l'étude. Parmi ces nombreuses éruptions celles de Migronanulite et de Porphyre n'ont recoupé il est vrai que les schistes luisants inférieurs au calcaire marin, mais celles de Porphyre pétrosiliceux et d'Orthophyre ont percé toute la masse des sédiments carbonifériens.

Les recherches entreprises dans le reste du territoire corse, n'ont pu, jusqu'à ce jour, éclairer les points restés dans l'ombre après l'examen du Carbonifférien du Nord-Ouest. On s'explique aisément, d'ailleurs, ce résultat si l'on considère que les assises attribuées au Carbonifférien dans le Nebbio et dans les environs de Corte ont été rapportées à ce système, uniquement en raison de l'analogie d'aspect qu'elles offraient avec certains niveaux bien définis de la région classique. C'est ainsi, qu'aux environs de Corte, on a pu voir un équivalent des couches du Capitello dans les calcaires cristallins charbonneux et veinés de blanc qui s'avancent en promontoire entre la Restonica et le Tavignano, dans les calcaires du Château et dans ceux situés à la base des coteaux s'étendant de la ville au col de San Quilico. Au même niveau a été rapporté également par Hollande un calcaire gris cendré, cristallin, qui forme la base des petites collines liasiques, alignées du Nord au Sud entre le village de Patrimonio et les hauteurs qui enveloppent Saint-Florent. Enfin, des calçaires gris, supérieurs à des schistes, près d'Asco et de Lugo-di-Nazza, et des calcaires qui couronnent les schistes du Mont Piobetta au Nord-Est de Corte, seraient encore, selon le même auteur, synchroniques des couches marines du Capitello. Mais, il faut bien le remarquer, cette attribution au Carboniférien est basée sur la similitude des caractères pétrographiques et sur la position stratigraphique, nullement sur l'argument paléontologique, seul probant, qui dans les cas précédents fait absolument défaut.

La faune très incomplète qui a été découverte par Hollande dans les calcaires gris du Capitello, consiste en :

Débris de Crustacés.
Chonetes sp.
Spirifer sp.
Encrines.
Polypiers.

Tous ces fossiles sont indéterminables spécifiquement, même les brachiopodes, qui possèdent toutefois des affinités visibles avec des espèces caractéristiques du Carboniférien supérieur.

Les végétaux des schistes houillers sont :

Nevropteries tenuifolia.
Sphœnopteris sp.

Fragments de troncs de *Sigillaires* et de *Lepidodendrons*. Les différentes empreintes sont en général en très mauvais état de conservation; et ne se sont montrées réellement assez abondantes qu'au puits de mine de Murato, près d'Osani.

Les coupes les plus intéressantes du Carboniférien de la Corse données jusqu'à ce jour, sont les suivantes :

COUPE AU CAPITELLO D'APRÈS HOLLANDE.

De bas en haut :

1. Schistes luisants . . . . mètres. 130
2. Bancs de calcaire gris fumée, alternant avec des lits de Schistes. Le calcaire renferme de nombreux fragments de *Crinoïdes, Polypiers*, et a fourni des *Brachiopodes* ayant des affinités avec ceux qui caractérisent le Carboniférien supérieur.
3. Poudingue 100
4. Porphyre rose 3

ENVIRONS DE GIROLATA. — COUPE AU COL DE LA CROIX AU SUD DU RAVIN D'ESPANO (HOLLANDE).

De bas en haut :

1. Schistes luisants . . . . mètres. 20
2. Schistes avec bancs de calcaire veiné de quartz. 15
3. Schistes luisants verts 15
4. Schistes noirs plissés avec lits de calcaire noir veiné de quartz 14
5. Porphyre gris rosé. 50
6. Schistes noirs avec lits de calcaire veiné de quartz. 20
7. Schistes noirs avec bancs de grès vert et calcaire noir 15

8. Calcaire noir schisteux avec empreintes de *Sphæ-nopteris* et autres plantes houillères . mètres.   15
9. Poudingue avec cailloux de la grosseur du poing.   3
10. Grès vert feuilleté.   5
11. Poudingue à cailloux de la grosseur d'une noix.   1
12. Grès verdâtre empâtant des cailloux de Schistes et de calcaires.   12

COUPES A OSANI (NENTIEN).

Coupe au puits de Cardella.

De haut en bas :

1. Grès tufacés quartzeux. . . . . . mètres.   60
2. Schistes 15à20
3. Schistes charbonneux 0,20
4. Houille. 0,70
5. Schistes charbonneux 0,10
6. Schistes 0,40
7. Houille. 0,10
8. Schistes 30à35
9. Schistes et quartzites inférieurs. Dévonien (?)

Coupe au puits de Murato.

De haut en bas :

1. Poudingues . . . . mètres.   150
2. Grès quartzeux à grains fins 0,40
3. Schistes charbonneux 0,25
4. Schistes imprégnés de pyrite 0,12
5. Houille. 0,80
6. Schistes 30,40
7. Schistes et quartzites inférieurs. Dévonien (?)
8. Granite gneissique.
9. Granite.

Coupe a la Restonica (Hollande).

On a de bas en haut :

1. Protogyne.
2. Schistes luisants (avec banc d⋅ 180m de calcaire saccharoïde) contenant des minerais divers à leur partie supérieure . . . mètres. 620
3. Schistes luisants 225
4. Calcaire noir charbonneux (Carbonifère) . . 150
5. Calcaire infraliasique 15

Coupe a l'Ouest de Patrimonio (Hollande).

De bas en haut :

1. Protogyne . . . . mètres. 20
2. Schistes luisants 30
3. Calcaire Cristallin (Carboniférien) 40
4. Grès vert (Permien ? ou Trias ?) 12
5. Calcaire terreux à Avicula antorta (Infra-Lias). 10

PERMIEN

L'existence du terrain permien en Corse, niée par Hollande, n'a pu être démontrée au cours des recherches postérieures à celles qu'a exécutées ce géologue. Devant l'impossibilité constatée d'établir actuellement des divisions fondées sur la paléontologie, dans certaines assises intercalées cependant entre le Carboniférien et le Lias, M. Nentien, de son côté, s'est borné à désigner sous le nom de Permo-Trias cet ensemble d'âge incertain.

Si, malgré ces difficultés d'interprétation, on essayait d'indiquer la part susceptible de revenir au dernier des terrains primaires parmi les couches indécises, on serait porté à classer dans le *Permien* des schistes bariolés et des grès rouges ou verdâtres que recouvre par places un poudingue à gros éléments. Mais, on ne saurait trop le répéter, une pareille attribution, fondée uniquement sur l'analogie de facies que présentent certaines assises de la Corse avec des formations similaires d'âge, nettement établie dans les régions voisines, manque de base solide et ne doit être acceptée que sous les plus grandes réserves.

GROUPE SECONDAIRE

La grande ère secondaire qui a été signalée par un épanouissement si complet des formes animales et végétales, n'a pas laissé son empreinte caractéristique sur la région Corse. Une succession d'assises dolomitiques et surtout calcaires, à peine fossilifères, voilà à quoi se réduisent les dépôts que l'on peut avec quelque fondement considérer comme datant de cette grande période géologique.

Les plus inférieurs, calcaires ou calcaréo-magnésiens, superposés aux schistes et aux grès précédemment mis avec doute dans le *Permien*, ont été d'après leur facies attribués au *Trias*, quoiqu'on ne possède aucune preuve paléontologique à l'appui de cette opinion. Au dessus s'étendent des calcaires de diverse nature contenant la faune des premiers *niveaux liasiques* du système jurassique, puis des calcaires toujours compacts, qui paraissent comme les précédents, faire partie du Lias, sans qu'on puisse toutefois préciser leur âge.

Tout le reste des terrains secondaires ferait, semble-t-il, défaut en Corse, à moins que certains calcaires gris clair d'Omessa, parsemés de sections de mollusques, dans lesquels on a cru reconnaître des *Diceras* ou des *Rudistes*, ne représentent, soit un étage du *Jurassique* supérieur, soit la base du *Système crétacé* ; toutefois, jusqu'à ce jour, le rang stratigraphique de ces calcaires reste des plus problématiques en raison de l'impossibilité où l'on s'est trouvé de déterminer, même génériquement, les restes organisés incorporés dans leur masse.

Actuellement encore on ne peut donc compter avec certitude dans les terrains secondaires de la Corse que les étages énumérés dans le tableau ci-dessous :

Système crétacé	Manque (Est peut-être représenté en partie par les calcaires d'Omessa ?).
Système Jurassique	Supérieur. — manque (Est peut être en partie représenté par les calcaires d'Omessa ?). Moyen. — manque. Inférieur ou liasique. — Les étages supérieurs a l'Hettangien ou Lias proprement dit sont représentés par des calcaires sans fossiles. Etage hettangien ? ⎱ ancien Infra-Lias. Etage rhétien. ⎰

SYSTÈME TRIASIQUE

Dans l'ensemble des sédiments allant du Carboniférien au Lias, la fixation de la part qui revient, selon la plus grande vraisemblance, au *Trias*, a dû être déterminée, comme pour le Permien, en invoquant des considérations tirées de l'analogie de facies existant entre plusieurs des couches d'âge douteux et les assises triasiques de la région méditerranéenne.

En réalité, les schistes bariolés et les grès rouges ou verts qui ont été de préférence envisagés comme équivalents du Permien, pourraient, à ne considérer que leur aspect, appartenir aussi bien au *Trias*. Toutefois les puissants poudingues qui les terminent (dans la seule vallée du Golo, il est vrai), semblent marquer une séparation tranchée entre les bancs colorés et les calcaires sous lesquels d'ordinaire ils disparaissent. Ces derniers, compacts, gris cendré avec parties jaunâtres, deviennent assez souvent dolomitiques. En plus d'un endroit même ils se cloisonnent, passent ainsi à des cargneules qui se décomposent souvent en une argile ocreuse et au milieu desquelles s'intercalent des lentilles de gypse, tout comme cela a lieu dans le *Trias* supérieur des Alpes-Maritimes.

Les assises attribuées au *Trias* sont réparties aux environs de Corte et dans le Nebbio ainsi qu'il a été exposé dans les généralités. Leur épaisseur ne paraît pas excéder 30 mètres.

Les observations actuelles ne permettent pas de préciser si elles sont en stratification concordante ou non, avec les schistes et les grès attribués au *Permien*.

SYSTÈME JURASSIQUE

DIVISION INFÉRIEURE OU LIASIQUE

Presque partout superposées au terrain qui vient d'être rapporté, avec doute, au *Trias*, les assises classées dans la division inférieure du *Jurassique* dite *Liasique*, sont surtout répandues dans le Nebbio et autour de Corte. Dans la première de ces régions elles dessinent une zone semi-elliptique au pied des côteaux tertiaires de Saint-Florent ; au centre de l'île elles s'allongent en deux bandes minces à peu près parallèles, d'inégale dimension, reliées entre elles par un affleurement au Nord d'Omessa. La bande occidentale, amorcée près du confluent de l'Asco et du Golo, s'interrompt bientôt pour reprendre ensuite de Francardo jusqu'au Sud de Corte ; la bande orientale, beaucoup plus courte, née auprès de Valle di Rostino, s'arrête au Sud à hauteur d'Aiti ; entre les deux, l'espace est occupé par les assises de l'Eocène nummulitique.

En dehors du Nebbio et de la région centrale on n'a signalé le *Lias* qu'auprès de Macinaggio, dans les rochers de Buscino et de Coscione, et au Nord-Ouest de Solenzara, encore ne sont-ce là que des lambeaux isolés.

De nature essentiellement calcaire, les terrains liasiques se présentent sous forme de calcaires terreux fissiles ou compacts, de lumachelles et parfois de brèches colorées susceptibles d'être employées dans les Arts (Oletta).

Tout au début de la formation, des bancs violacés, peut-être triasiques, semblent cependant appartenir plutôt à la base du *Lias* tel qu'on le conçoit actuellement, c'est-à-dire à la division la plus inférieure de l'*Infra-Lias* des anciens auteurs. Cette division inférieure, la seule du reste dont l'existence ait été jusqu'à ce jour démontrée en Corse, est caractérisée par les couches dites à *Avicula contorta* dont on a fait l'*étage rhétien*. Les calcaires gris fissiles y alternent avec des calcaires compacts à débris de crinoïdes et des lumachelles. Ils sont surmontés en quelques endroits, par un calcaire jaune terreux, assez étroitement lié aux assises sous-jacentes, mais qui renferme cependant une faune différente, rappelant plutôt celle de la partie supérieure de l'ancien *Infra-Lias*, de l'*étage hettangien* actuel.

Le Rhétien semble en stratification concordante avec le *Trias*.

Les recherches paléontologiques de M. Hollande, qui ont fait connaître la faune des couches mentionnées précédemment, ont permis à ce géologue de mettre en évidence la présence des espèces ci-après dans les strates comprises entre les calcaires violacés sans fossiles de la base et les calcaires jaunes du sommet :

Dents de poissons.
Plicatula intusstriata Duntier.
Avicula contorta Portland.
Terebratula gregaria Suess.
Pentacrinus Sp.

Ces espèces, dont aucune n'est spéciale à l'île, caractérisent la division inférieure de l'ancien terrain infra-liasique, très développée dans les Alpes rhétiques où elle a été prise pour type de l'Etage Rhétien. C'est une faune nettement côtière, car jusqu'à ce jour on n'y a découvert aucun débris de mollusques pélagiques.

En ce qui concerne les fossiles recueillis dans les calcaires jaunes du sommet, ils semblent très voisins sinon identiques à

Ostrea anomala Terquem.
Ostrea sublamellosa Duntier.

Le doute subsiste il est vrai, à l'égard de ces déterminations, à cause du mauvais état de conservation des échantillons qui ont servi à les établir. Il paraît toutefois y avoir à ce niveau un changement de faune correspondant à une modification dans les conditions d'habitat, sans qu'on puisse affirmer qu'on se trouve en présence d'espèces donnant la preuve que ces calcaires supérieurs représentent bien l'*étage Hettangien,* le plus récent de l'ancien groupe infra-liasique.

Le calcaire violacé ne dépasse pas 6 mètres d'épaisseur ; la puissance des calcaires rhétiens varie entre 15 et 30 mètres ; celle des calcaires jaunes supérieurs entre 3 et 12 mètres.

Les calcaires fossilifères infra-liasiques sont, la plupart du temps, surmontés par une masse de calcaires gris, compacts, à cassure souvent conchoïdale, toujours dépourvus de fossiles. Dans de pareilles conditions, la place à assigner à ces calcaires reste indéterminée. Cependant, comme ils sont en concordance de stratification avec les assises sous-jacentes, on est porté à les considérer comme appartenant eux aussi au *Lias*, mais il est impossible de préciser s'ils représentent un ou plusieurs étages de cette grande division du Jurassique.

L'épaisseur des calcaires gris supérieurs atteint jusqu'à 50 mètres ; ils semblent concordants avec l'*Infra-Lias.*

Les coupes suivantes menées à travers le *Lias* expriment en détail la constitution et l'allure de ce terrain en Corse. Elles sont extraites de l'ouvrage de M. Hollande.

I⁰ — *Vieille route de Corte, au Nord du Col de San Quilico.*

De la base au sommet :

1. Schistes luisants . . . . .   Terrains primaires.
2. Grès violacé parfois vert à gros
   grains . . . . . .mètres.   20 Permien ou Trias(?).
3. Calcaire terreux fissile à *Tereb*
   gregaria, Plicatula intusstriata,   Rhétien.
   dents de poissons et crinoïdes .   15
4. Calcaire gris compact, boule-   ) Etage liasique
   versé, sans fossiles . . . .   30) indétermi :é.

Lias

II⁰ — *Coupe à l'Est de la route de Corte*
au Nord du Col de San Quilico.

De bas en haut :

1. Calcaire terreux fissile à *Tereb*
   gregaria et Plicatula intus-   Rhétien.
   striata . . . . . mètres.   12
2. Calcaire gris compact en cou-   ) Etage liasique
   ches inclinées de l'Est à l'Ouest.   40) indéterminé

III. — Coupe près de Corte, au Sud de Bistuglio entre les kilomètres 87 et 88 de la route (hectomètre 8).

De la base au sommet:

1. Schistes luisants avec bancs de calcaires cristallin . mètres. **175** Précambrien (?)
2. Calcaire noir charbonneux . . **60** Carboniférien.
3. Calcaire terreux fissile à *Tereb gregaria et Plicatula intus-striata* . . . . **8** ⎫
4. Calcaire à fragments de *Cri-noïdes, dents de poissons*. . . **0,50** ⎬ Rhétien.
5. Calcaires lumachelle à *Tereb gregaria* . . . . **6** ⎭
6. Roche verte schisteuse avec cailloux de calcaire . . . . . **15** ⎫ Etages liasiques
7. Calcaire gris compact sans fossiles . . . . **20** ⎬ d'âge indéterminé

Lias

IV. — *Coupe à la borne hectométrique 5, du kilomètre 86 de la route de Ponte-Leccia à Cervione.*

De la base au sommet :

1. Schistes luisants		Précambrien.
2. Grès vert ou violacé . mètres.	30	Permien ou Trias (?)
3. Calcaire violacé	6	Trias ou Rhétien (?)
4. Calcaire terreux fissile à empreintes de *Plicatula intusstriata* .	4	
5. Calcaire bleuâtre formant lumachelle à *Tereb gregaria* et *Plicatula intusstriata* . . .	1	
6. Calcaire à *Crinoïdes* et *dents de Poissons*	0,50	
7. Calcaire terreux à *Avicula contorta*.	0,50	
8. Calcaire terreux peu fossilifère.	3	
9. Calcaire avec lumachelle à *Tereb gregaria*	2,50	Rhétien
10. Calcaire schisteux à rognons contenant des empreintes de *Plicatula intusstriata* et des dents	0,50	
11. Calcaire lumachelle à *Tereb gregaria*	1,50	
12. Calcaire fissile, terreux, en bancs minces à rognons contenant *Tereb gregaria* et *Plicatula intusstriata*	3	
13. Calcaire gris compact sans fossiles	50	Etage liasique d'âge indéterminé

Lias

V. — *Coupe à 12 mètres à l'Ouest du kilomètre 85 sur la route de Ponte-Leccia à Cervione.*

Les couches infra-liasiques apparaissent au milieu de calcaires gris d'âge indéterminé :

1. Calcaire gris compact . . .		Liasique d'âge indéterminé	
2. Calcaire à lumachelle, renfermant surtout *Tereb gregaria*, *Plicatula intusstriata* et *avicula contorta*	0,80		
3. Calcaire à fragments de *crinoïdes, dents de poissons, Plicatula intusstriata*	0,50		
4. Calcaire lumachelle à *Tereb gregaria, Plicatula intusstriata*.	1,70	Rhétien	Lias
5. Calcaire terreux fissile peu fossilifère à *Avicula contorta* . .	0,60		
6. Calcaire à fragments de *crinoïdes, dents de poissons et Plicatula intusstriata*	0,40		
7. Calcaire terreux fissile . . .	0,80		
8. Calcaire gris compact semblable au calcaire gris compact énoncé ci-dessus, mais très bouleversé.		Etage liasique d'âge indéterminé	

VI. — *Coupe à la carrière du monticule situé au Sud de l'ancienne route de Bastia à Saint-Florent sur le bord du Ficajolo.*

1. Schistes luisants visibles sur une épaisseur de . mètres. 30 Précambrien.
2. Calcaire cristallin . . , . 40 Carboniférien.
3. Grès vert . . . . 12 Permien ou Trias (?)
4. Calcaire violacé . . . . . 2 Trias ou Rhétien (?).
5. Calcaire terreux à lumachelle à *Tereb gregaria, Plicatula intus-striata* 0,50
6. Calcaire à *dents de poissons* et *crinoïdes* 0,60
7. Calcaire à *Tereb gregaria* et *avicula contorta* 0,80
8. Calcaire à *crinoïdes* 0,40
9. Calcaire terreux fissile peu fossilifère 1,50
10. Calcaire lumachelle à *Tereb gregaria, Plicatula intusstriata.* 1,80
11. Calcaire jaune terreux à *Ostrea anomala* ou *Ostrea sublamellosa.* 3
12. Calcaire gris compact . . . 45

Rhétien.

Hettangien.

Etage liasique d'âge indéterminé

Lias

VII. — *Coupe du monticule situé au Sud de celui de la coupe 6.*

De bas en haut :

1. Schistes luisants	50	Précambrien (?).
2. Calcaire gris cendré	175 ?	Carboniférien (?),
3. Grès vert	15	Permien ou Trias (?).
4. Calcaire fissile terreux . . .	3	
5. Calcaire à *Terebratula gregaria*, *Plicatula intusstriata* . . .	0,60	
6. Calcaire à *dents de poissons* et *crinoïdes*	0,50	Rhétien.
7. Calcaire à *Avicula contorta*. .	0,45	
8. Calcaire lumachelle à *Tereb gregaria*	1,20	
9. Calcaire terreux peu fossilifère.	2	
10. Calcaire gris compact . . .	50	Etage liasique d'âge indéterminé

Lias

VIII. — *Coupe du rocher liasique au pied de Poggio d'Oletta.*

De la base au sommet :

1. Protogyne.
2. Schistes luisants . . mètres. 150 Précambrien.
3. Grès vert . . . . 10 Permien ou Trias (?)
4. Calcaire terreux fissile . . . 3
5. Calcaire à *Avicula contorta.* . 0,60
6. Calcaire à fragments *de crinoï-*
   des 1,50
7. Calcaire terreux pauvre en fossiles 8   Rhétien
8. Calcaire bleuâtre avec lumachelle à *Tereb gregaria.* . . 6
9. Calcaire terreux à *Plicatula in-*
   tusstriata 5
10. Calcaire à fragments *de crinoï-*
    des 0,50
11. Calcaire jaunâtre en petits bancs 3
12. Calcaire jaune à *Ostrea ano-*   Hettangien
    mala 12
13. Calcaire gris compact . . . 75   Etage liasique d'âge indéterminé

Lias

GROUPE TERTIAIRE

De tous les sédiments dont la présence a été constatée en Corse, ceux qui correspondent à la durée de l'Ere tertiaire sont le mieux caractérisés, quoique ne se développant pas sur une étendue considérable.

Aux étages avec lesquels on est convenu aujourd'hui de constituer la division inférieure du *groupe tertiaire « la division ou système éogène »*, appartiennent les couches nummulitiques du sillon central et de quelques points de la côte orientale. Dans le *système supérieur* ou *néogène* se rangent les dépôts de Saint Florent, de Bonifacio et de la plaine d'Aleria. Il s'en faut d'ailleurs, que dans chacune de ces sections de premier ordre la succession des assises ne présente pas de lacune. On constate au contraire que la partie la plus ancienne de la première subdivision éogène, celle dont on a fait *la série éocène*, est toujours absente, et il semble en être de même de la partie la plus récente de cette même série. En tout cas, *la série oligocène*, qui dans le cas de la continuité des dépôts termine l'Eogène, manque absolument en Corse où rien n'autorise à supposer qu'elle ait jamais existé.

Si l'on passe ensuite à l'examen du *groupe néogène*, on acquiert la conviction, qu'à part une ou deux interruptions d'importance relativement faible, la sédimentation n'a subi presqu'aucun arrêt le long du massif Corse pendant la *période miocène*. Il en a été, par contre, tout autrement au cours des *temps pliocènes*, caractérisés dans la région Corse par un retrait général de la Méditerranée qui a laissé un unique témoin de son séjour sur un point du rivage oriental actuel, près d'Aleria.

La puissance totale des terrains tertiaires semble voisine de 500 mètres.

Les assises néogènes sont en général très bouleversées, souvent presque verticales ; les assises éogènes, au contraire, sont peu inclinées ou même à peu près horizontales (50° à 20°). Elles recouvrent en discordance les terrains secondaires dans les quelques points où l'on a pu observer ce contact.

Le tableau ci-dessous résume brièvement les données que l'on possède sur l'existence des formations tertiaires de la Corse.

Division supérieure ou système néogène	Série pliocène. — Etage supérieur (manque). id. Etage moyen (Sables de Casabianda). id. Etage inférieur (manque ou est représenté par des sables sans fossiles). Série miocène. – Existe presque au complet en Corse (Aleria, Bonifacio, Saint-Florent).
Division inférieure ou système éogène	Série oligocène — (manque en Corse). Série éocène ou nummulitique : Etage supérieur. — Manque ou est peut-être représenté par quelques poudingues. Etage moyen. — Calcaires, schistes et grès nummulitiques de la région centrale et de Saint-Florent. Etage inférieur. — (manque en Corse).

SYSTÈME EOGÈNE

SÉRIE EOCÈNE

L'Eocène Corse ne s'écarte pas du type spécial à la région Méditerranéenne, c'est-à-dire qu'il possède un faciès pélagique caractérisé par la présence des Foraminifères connus sous le nom de Nummulites, d'où le nom de *terrain num-*

mulitique sous lequel il a été souvent décrit. — Dans les coupes où l'on peut apercevoir les couches les plus inférieures de ce terrain, celles-ci se montrent sous forme de calcaires pétris par places de carapaces des différents genres de Nummulites qui ont contribué à les édifier. Ces calcaires où s'observent des intercalations de calcaires schisteux et de schistes calcarifères alternent vers leur partie supérieure avec des bancs gréseux. Ces derniers, après avoir pris progressivement de l'importance, finissent par constituer une masse plus ou moins bien stratifiée dont le sommet est couronné par un puissant poudingue. Jusqu'à présent ces poudingues n'ont livré aucun débris de corps organisé. Les grès situés au-dessous et les schistes ont fourni quelques minces lits de lignites, des empreintes rappelant celles du Flysh alpin et même, à leur base, quelques échantillons de *Nummulites Ramondi*. Defr., fossile très répandu dans l'*Eocène moyen ;* mais c'est surtout au milieu des calcaires inférieurs qu'a été recueillie la faune à peine indiquée dans les grès par ces nummulites.

Les déterminations de M. Hollande ont mis en montre l'existence des espèces ci-après dans les couches calcaires de l'*Eocène* Corse :

Liotina (Delphinula) Gervillei. Defrance.
Nummulites Ramondi. Defr.
Orbitolites submedia d'Archiac.
Orbitolites Fortisii d'Arch.
Cyclolites Vicaryi. J. H a.

Avec plus de doute ont été signalés :

Pecten Favrei ? d'Arch.
Cypræa Granti d'Arch.

7

Tous ces fossiles caractérisent la partie moyenne de l'*Eocène* qui correspond aux étages *Lutétien* et *Bartonien* réunis du bassin parisien. Seuls les bancs les plus élevés de grès et les poudingues pourraient bien équivaloir au Flysh alpin avec lequel par leur aspect ils ne sont pas sans analogie. Ils n'ont cependant encore fourni aucun fossile de l'étage *priabonien*, le plus récent de l'*Eocène* méditerranéen. (*Ludien* du bassin de Paris).

Le terrain *éocène* est presqu'entièrement réparti suivant la grande dépression qui traverse diagonalement la Corse du Nord-Ouest au Sud-Est. Il n'en occupe pas seulement le fond mais se relève aussi sur les bords, en laissant entrevoir sur quelques points la disposition générale en cuvette des assises. (Coupe du Sud de Corte à Favalello). Primitivement, il s'étendait en une bande ininterrompue du port de Favone à l'embouchure du Regino. Ce n'est que plus tard que des pressions énergiques le portèrent aux grandes altitudes (1,800m. à l'Asinao) où nous le rencontrons aujourd'hui, après lui avoir fait subir des dislocations mises en évidence par l'allure tourmentée des strates. Les périodes d'érosion qui suivirent celles de plissement, ont causé ultérieurement la disparition, entre Vezzani et Prunelli di Fiumorbo, d'une partie de la zone nummulitique, dont la continuité primitive n'est plus révélée que par de rares témoins gréseux ou calcaires isolés au milieu du Granite de cette région.

Quelques petits lambeaux éocènes, sans relation avec la grande bande centrale, ont été signalés : l'un à l'Est des collines miocènes de Saint-Florent, auxquelles il sert de base, l'autre dans la péninsule du Cap Corse, près de Macinaggio, un troisième au dessus de la plaine d'Aleria, appliqué, comme le précédent, contre les dernières ramifications du massif des schistes sériciteux.

En Corse, comme dans tout le bassin méditerranéen, le nummulitique s'est étendu en transgression sur les terrains antérieurs les plus divers, à la suite des grands mouvements qui ont signalé le début des temps tertiaires. Ainsi, tandis qu'au Nord de Quenza il repose sur le Granite, près de Favone il recouvre les Gneiss, autour de Venaco les schistes cristallophylliens, dans le Nebbio le *Lias*.

Si sur certains points les calcaires nummulitiques ne se voient pas, et si c'est par les grès et poudingues que débute la formation, il n'en résulte pas toujours pour cela que les assises inférieures manquent ou aient disparu. On doit voir plutôt dans cette apparence la preuve que les derniers dépôts de l'*Eocène*, ayant eu une extension plus large que les dépôts initiaux de la même période en Corse, ont débordé au delà des limites qui ont été atteintes par ceux-ci.

Quelques coupes du *Nummulitique* de la Corse dressées par M. Hollande, donnent la succession générale qu'on y observe d'ordinaire.

I. — *Succession des assises* nummulitiques *à la Bocca de l'Asinao, au Nord-Est de Quenza.*

De bas en haut :

1. Calcaire bleuâtre à *Liotina Gervillei Numm. Ramondi, Orbitolites submedia, Orb. Fortisii*, etc. mètr.   50

2. Calcaire noir souvent schisteux en petites couches souvent traversé par des veines blanches de carbonate de chaux   100

3. Grès macigno alternant à la base avec les couches n° 2   150

4. Poudingue formé par des cailloux roulés de roches granitiques et des terrains antérieurs, renfermant quelquefois des morceaux de quartz roulé gros comme une noisette. . .   50

II. — *Route de Caporalino à Corte près du pont sur la Sommana.*

De bas en haut :

1. Calcaire bleuâtre légèrement cristallin formant souvent lumachelle à *Numm. Ramondi. Orbitolites Fortisii, Cyclolites Vicaryi* . mètres.   100
2. Calcaire schisteux avec veines blanches de carbonate de chaux et quelques nummulites   .   10
3. Calcaire schisteux alternant avec des grès fins.   100
4. Grès avec nombreux cailloux de calcaire . .   150

III. — *Chaîne de hauteurs entre le Losari et l'Ostriconi.*

De bas en haut :

1. Calcaire à *Numm. Ramondi. Cyclolites Vicaryi.*   20
2. Calcaire à veines blanches de carbonate de chaux et empreintes d'algues (*Sphærococcites*).   80
3. Grès macigno alternant avec du calcaire . .   150
4. Grès macigno.   60
5. Poudingue.   30

IV. — *Coupe sur la route nationale au Sud de Palasca.*

De bas en haut :

1. Pegmatite avec Molybdénite . . . mètres.   »
2. Calcaire bleuâtre à *Numm. Ramondi.* et *Cyclolites Vicaryi.*   20

3. Calcaire schisteux à veines de carbonate de chaux. 10
4. Calcaire schisteux alternant avec des grès . . 50
5. Calcaire gris avec cailloux de calcaire ; on y trouve *Numm. Ramondi.* 20
6. Poudingue. 10

V. — *Coupe de dépôts* nummulitiques *du Nebbio, au Sud de l'Aliso, sur le sentier allant d'Oletta à Santo Pietro di Tenda.*

De bas en haut :

1. Un calcaire bleuâtre avec cailloux des terrains primaires à la base et fragments de lignite ; on y trouve *Numm. Ramondi. Orbitolites Fortisii, Cyclolites Vicaryi, Pecten Favrei,* mètr. 50
2. Un calcaire schisteux avec veines blanches de carbonate de chaux. 75
3. Un calcaire et un grès alternant 120
4. Un grès avec *Numm. Ramondi.* 80
5. Un poudingue avec petits cailloux roulés de quartz 30

Publications de la Société :

Bulletin de a Société des Sciences Historiques et Naturelles de la Corse, années 1881-1882, 1883-1884, 1885-1886 et 1887-1890, 4 vol., 724, 663, 596 et 626 pp.

Mémoires de Rostini, texte italien avec traduction française, par M. l'abbé LETTERON, 2 vol., 482 et 588 pp.

Memorie del Padre Bonfiglio Guelfucci, dal 1729 al 1764, 1 vol., 236 pp.

Dialogo nominato Corsica del R^{mo} Monsignor Agostino Justiniano, vescovo di Nebbio, texte revu par M. DE CARAFFA, conseiller à la cour d'appel, 1 vol., 120 pp.

Voyage géologique et minéralogique en Corse, par M. Emile Gueymard, ingénieur des mines, (1820-1821), publié par M. J.-M. BONAVITA, 1 vol., 160 pp.

Pietro Cirneo, texte latin, traduction de M. l'abbé LETTERON, 1 vol., 414 pp.

Histoire des Corses, par Gregorovius, trad. de M. P. LUCCIANA, 1 vol., 168 pp.

Corsica, par Gregorovius, traduction de M. P. LUCCIANA, 2 vol., 262 et 360 pp.

(Ces trois derniers volumes font partie du même ouvrage).

Pratica delli Capi Ribelli Corsi giustiziati nel Palazzo Criminale (7 Maggio 1746). Documents extraits des archives de Gênes Texte revu et annoté par M. DE CARAFFA, conseiller, et MM. LUCCIANA frères, professeurs, 1 vol., 420 pp.

Pratica Manuale del dottor Pietro Morati di Muro. Texte revu par M. V. DE CARAFFA, deux vol., 354 et 516 pp.

La Corse; Cosme Ier de Médicis et Philippe II, par M. A. DE MORATI, ancien conseiller, 1 vol., 160 pp.

La Guerre de Corse, texte latin d'Antonio Roccatagliata, revu et annoté par M. DE CASTELLI, traduit en français par M. l'abbé LETTERON, 1 vol., 250 pp.

Annales de Banchero, ancien Podestat de Bastia, manuscrit inédit, texte italien, publié par M. l'abbé LETTERON, 1 vol., 220 pp.

Histoire de la Corse, (dite de Filippini), traduction de M. l'abbé LETTERON, 1er vol., XLVII-504 pp. — 2e vol., XVI-332 pp. — 3e vol., XX-412 pp.

Deux Documents inédits sur l'Affaire des Corses à Rome, publiés par MM. L. et P. LUCCIANA, 1 vol., 442 pages.

Deux visites pastorales, publiées par MM. PHILIPPE et VINCENT DE CARAFFA, conseiller, 1 vol., 240 pp.

Pièces et documents divers pour servir à l'Histoire de la Corse pendant la Révolution Française, recueillis et publiés par M. l'abbé LETTERON, 2 vol., 428 et 464 pp.

Procès-verbaux des séances du Parlement Anglo-Corse, du 7 février au 16 mai 1795, publiés par M. l'abbé LETTERON, 1 vol., 739 pp.

Sampiero et Vannina d'Ornano, (1434-1563), par M. A. DE MORATI, 1 vol., 83 pp.

Correspondance de Sir Gilbert Elliot, Vice-Roi de Corse, avec le Gouvernement Anglais. Traduction de M. SÉBASTIEN DE CARAFFA, avocat, 1 vol., VIII-553 pp.

Mémoires Historiques sur la Corse, par un Officier du régiment de Picardie (1774-1777), publiés par M. V. DE CARAFFA, 1 vol., 266 pp.

Mémoires du Colonel Gio. Lorenzo de Petriconi (1730-1784), publiés par M. l'abbé LETTERON, 1 vol., 245 pp.

Pièces et documents divers pour servir à l'Histoire de la Corse pendant les années 1737-1739, recueillis et publiés par M. l'abbé LETTERON, 1 vol., XIX-548 pp.

La conspiration d'Oletta — 13-14 février 1769, par M. A. DE MORATI, 1 vol., 158 pp.

Théodore Ier, roi de Corse, traduction de l'allemand de Varnhagen, par M. PIERRE FARINOLE, professeur au Collège de Corte, 1 vol., IV-75.

Documents sur les troubles de Bastia (1er, 2 et 3 Juin 1791), publiés par M. A. CAGNANI, 1 vol., 117 pp.

Pièces et documents divers pour servir à l'Histoire de la Corse, pendant les années 1790-1791, recueillis et publiés par M. l'Abbé LETTERON, 1 vol., XII-338 pp.

Correspondance du Comité Supérieur siégeant à Bastia (du 2 mars au 1er septembre 1790), publiée par M. l'abbé LETTERON, 1 vol. VIII-198 pp.

Publications de la Société :

BULLETIN

DE LA

SOCIÉTÉ DES SCIENCES HISTORIQUES ET NATURELLES DE LA CORSE

PRIX DU BULLETIN :

Pour les membres de la Société, un an . . . **10** fr.

ABONNEMENTS :

Pour la Corse et la France, un an . . . . **12** fr.

Pour les pays étrangers compris dans l'union postale, un an. . . . . **13** fr.

Pour les pays étrangers non compris dans l'union postale, un an . . . . **15** fr.

NOTA. — Tout abonnement est payable d'avance, et se prend à l'année du mois de janvier au mois de décembre.

S'adresser pour les abonnements à M. CAMPOCASSO, Trésorier de la Société, ou à la librairie OLLAGNIER, à Bastia.

www.ingramcontent.com/pod-product-compliance
Lightning Source LLC
Chambersburg PA
CBHW071527200326
41519CB00019B/6092